Mohammad Osama
Felicia P. Armstrong
Peter Norris

Quantificação e bioremediação de amostras ambientais

Mohammad Osama
Felicia P. Armstrong
Peter Norris

Quantificação e bioremediação de amostras ambientais

ScienciaScripts

Imprint

Cover image: www.ingimage.com

This book is a translation from the original published under ISBN 978-3-659-76952-8.

Publisher:
Sciencia Scripts
is a trademark of
Dodo Books Indian Ocean Ltd. and OmniScriptum S.R.L publishing group

120 High Road, East Finchley, London, N2 9ED, United Kingdom
Str. Armeneasca 28/1, office 1, Chisinau MD-2012, Republic of Moldova, Europe
Printed at: see last page
ISBN: 978-620-8-05861-6

Resumo:

O fungo Pleurotus ostreatus é capaz de degradar uma vasta gama de contaminantes orgânicos, incluindo os HAP. A biorremediação de sedimentos fluviais contaminados com hidrocarbonetos aromáticos policíclicos (HAP) com P. ostreatus pode ser um método viável e menos invasivo para reduzir o risco de exposição. A primeira parte desta investigação consistiu em determinar a degradação de HAPs de sedimentos contaminados. A segunda parte consistiu em determinar se os esteróis (ergosterol) e os PAH podem ser extraídos com um único método de extração. O ergosterol é produzido por fungos vivos e pode ser utilizado como medida da biomassa fúngica. Os sedimentos fluviais contaminados foram tratados com P. ostreatus, cultivado em cevada, e com vários aditivos, sendo depois incubados a 25 °C. Os aditivos incluíam serradura e suplemento de azoto para estimular o crescimento dos fungos. O tratamento com P. ostreatus mostrou a degradação de PAHs totais após 21 dias utilizando um método de extração de lípidos e GC/MS. Estes resultados mostram que P. ostreatus é capaz de colonizar sedimentos altamente contaminados do rio Mahoning e degradar os PAHs presentes. Para extrair ergosterol e PAHs simultaneamente, foi desenvolvido um Método de Extração de Ergosterol (EEM). Foram preparadas várias amostras com sedimento, sedimento e fungos cultivados em cevada, sedimento e fungos cultivados em ágar dextrose de batata (PDA) ou apenas fungos cultivados em PDA ou cevada. O EEM foi bem sucedido na extração de ergosterol de fungos cultivados em cevada, resultando em concentrações de 17,5 - 39,94 |ig g de ergosterol. Resultados semelhantes foram observados nos outros tratamentos. Os PAHs também foram extraídos em quantidades muito maiores em comparação com o método de extração de lípidos. Além disso, o colesterol, normalmente encontrado em animais, foi detectado no fungo P. ostreatus em níveis facilmente detectáveis. Com uma melhor otimização das alterações, o método de extração de ergosterol pode ser muito útil e eficaz na análise do nível de biomassa fúngica, bem como dos contaminantes PAH durante os esforços de bioremediação.

Agradecimentos:

Estou extremamente grato à minha orientadora, a Dra. Felicia P. Armstrong, que é uma óptima professora. Estou-lhe muito grato pela sua ajuda e conselhos durante toda a minha formação, desde o início. Estou a ter dificuldade em encontrar palavras suficientemente boas para dizer sobre ela. Ela não é apenas uma óptima professora, mas também uma óptima pessoa.

Estou muito grato ao Dr. Peter Norris por me ter ajudado, orientado e encorajado em todos os aspectos do meu trabalho de investigação. Estou muito grato ao Dr. Norris por me ter dado a oportunidade, a orientação e os recursos para realizar esta investigação no seu laboratório. É uma grande honra para mim fazer investigação sob a orientação de um cientista tão grande. Aprendi muito com o Dr. Norris sobre instrumentação durante esta investigação.

Gostaria de expressar o meu mais profundo agradecimento ao Dr. Roland Riesen, sem cuja orientação, ajuda persistente e encorajamento, este projeto teria sido impossível. Obrigado por ter estado sempre presente para me ajudar e apoiar nos momentos mais difíceis. Estou igualmente grato ao Dr. Isam Amin pelas suas orientações, críticas construtivas e muitas sugestões valiosas.

Estou muito grato ao Dr. Harry Bircher por me ter dado sempre sugestões valiosas sempre que as coisas corriam mal e os meus sinceros agradecimentos por ele fazer parte do meu comité.

Estou grato a Ray Hoff por ter despendido muito tempo e esforço na tentativa de juntar o GC/MS numa só peça. Agradeço ao Departamento de Química da YSU por me ter proporcionado uma oportunidade de experiência prática com os instrumentos e à Escola de Pós-Graduação da YSU pelo financiamento.

Por último, sinto-me em dívida para com os meus pais e os meus irmãos por me terem abençoado com esta oportunidade única, amor e apoio para prosseguir as minhas ideias e interesses. Sei que sempre tenho a minha família com quem contar quando os tempos são difíceis.

Agradeço ao Senhor por me ter concedido a sua graça, a sua orientação e o seu consolo em todos os momentos da minha vida.

ÍNDICE DE CONTEÚDOS:

CAPÍTULO 1 4

CAPÍTULO 2 19

CAPÍTULO 3 24

CAPÍTULO 4 43

CAPÍTULO 1

Introdução

História do rio Mahoning:

A contaminação dos solos, dos sedimentos, das águas subterrâneas e do ar com materiais tóxicos tornou-se atualmente uma grande preocupação. O rio Mahoning tem recebido resíduos industriais desde o início do século XX, provenientes da indústria siderúrgica. O ramo inferior do rio Mahoning começa em Winona, Ohio, estende-se em direção a Leavittsburg e continua para sudeste através de Girard, Youngstown, Struthers e Lowellville até à Pensilvânia (Figura 1). O rio Mahoning junta-se ao rio Shenango para formar o rio Beaver, que desagua no rio Ohio (Figura 2).

O rio Mahoning foi significativamente alterado pela construção de numerosos reservatórios de grandes dimensões e barragens de baixa altura. As barragens foram construídas para fornecer um reservatório de águas de arrefecimento para o aço quente e para a maquinaria das indústrias siderúrgicas que utilizavam o rio Mahoning como "esgoto industrial" (Ohio EPA 1996).

A água assim aquecida e cheia de produtos químicos era diretamente libertada no rio. Esta libertação resultou em temperaturas elevadas da água do rio, níveis mais baixos de oxigénio e um elevado teor de metais pesados, privando assim o rio de qualquer vida. Ao longo dos anos, muitos contaminantes foram libertados no rio, incluindo metais pesados, óleos, petróleo, hidrocarbonetos aromáticos policíclicos (PAH), compostos de bifenilos policlorados (PCB) e muitos outros compostos cancerígenos e mutagénicos, poluindo assim o rio.

Entre 1900 e a década de 1970, o rio Mahoning recebeu até e mais de 70 000 libras de óleo e gordura por dia (Pabba 2008). No final dos anos 70, o rio Mahoning melhorou, uma vez que algumas das principais indústrias siderúrgicas cessaram a sua atividade. Embora isto tenha reduzido alguns dos resíduos metálicos, os resíduos orgânicos, como os PAH e os PCB, continuavam a ser libertados no rio. As áreas de intensa contaminação por PAH provenientes dos resíduos industriais são encontradas como "maionese preta" no sedimento (Pabba 2008).

Em 2004, houve uma diminuição drástica na descarga de poluentes no rio e a qualidade da água melhorou consideravelmente.

O sedimento, no entanto, permaneceu altamente contaminado com PAHs e PCBs devido à sua tendência para se ligar às partículas do sedimento e às suas baixas taxas de solubilidade (Pabba 2008). Quando os contaminantes são introduzidos em ambientes aquáticos, os sedimentos servem de repositório para a maioria desses produtos químicos (OEPA 1996).

À medida que a qualidade da água do rio melhorou, os peixes regressaram, mas ainda assim uma parte deles sofria de DELT (deformidades, erosões das barbatanas, lesões e tumores). Por estas razões, o Departamento de Saúde de Ohio emitiu um aviso de contacto para o sedimento contaminado com carcinogéneos e um aviso de consumo de peixe para o rio Mahoning (Pabba 2008).

A EPA do Ohio e o Corpo de Engenheiros do Exército dos EUA estimaram a contaminação num total de 750 000 jardas cúbicas de material espalhadas por uma extensão de 30 milhas. Estão a ser estudadas várias opções de recuperação do rio, como a dragagem, a impermeabilização e a bioremediação (Pabba 2008).

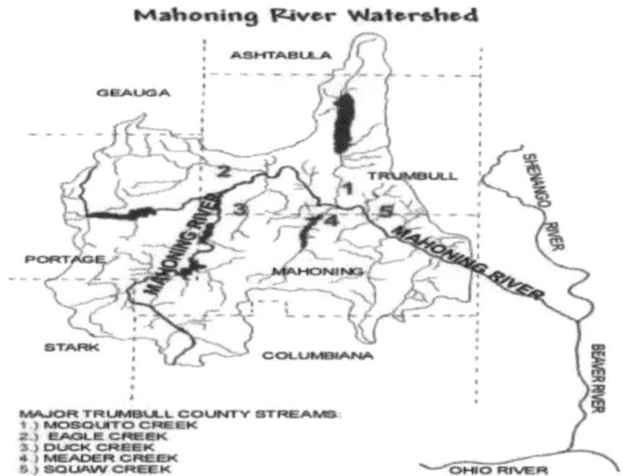

Figura 1. Imagem da bacia hidrográfica do rio Mahoning Cortesia de: www.swcd.co.trumbull.oh.us/.../mahoningmap.jpg

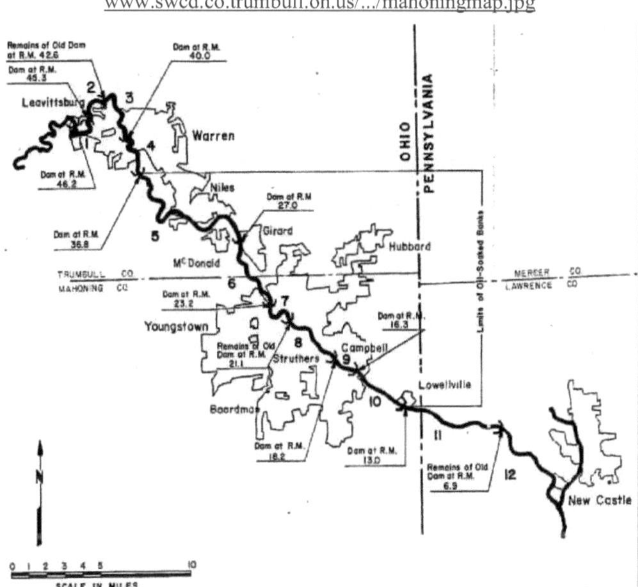

Figura 2. Mapa do baixo rio Mahoning

Hidrocarbonetos aromáticos policíclicos

Os hidrocarbonetos aromáticos policíclicos (HAP) são contaminantes generalizados no ambiente, derivados principalmente da combustão de combustíveis fósseis (Zhang et al. 2008). Os hidrocarbonetos aromáticos policíclicos constituem uma classe grande e diversificada de compostos orgânicos e são geralmente descritos como moléculas que consistem em dois ou mais anéis aromáticos fundidos em várias configurações estruturais (Zhang et al. 2008). O membro mais pequeno do grupo dos HAP é o naftaleno (Figura 3), um composto com dois anéis. Os HAP com três a cinco anéis podem ocorrer como gases ou partículas no ar (Figura

3). Os PAH com cinco ou mais anéis (Benzo(a)pireno ou B[a]P) tendem a fixar-se à superfície das partículas ou são partículas de fuligem quando se formam (Figura 4) (Zhang et al. 2008, Spink et al. 2008). As fontes de HAP incluem (i) fontes móveis (por exemplo, automóveis, autocarros, camiões, navios e aeronaves), (ii) fontes industriais (por exemplo, produção de energia, siderurgia, fornos de coque, produção de alumínio, fornos de cimento, refinação de petróleo e incineração de resíduos), (iii) fontes domésticas (por exemplo combustão para aquecimento e confeção de alimentos, especialmente aquecedores a combustível sólido que utilizam madeira e carvão), (iv) incêndios e fumo resultantes da queima de vegetação em processos agrícolas, fogos florestais, grelhar alimentos ou fumo de tabaco (Bixian et al. 2001, Kanaly et al. 2000, Oren et al. 2006, King et al. 2004).

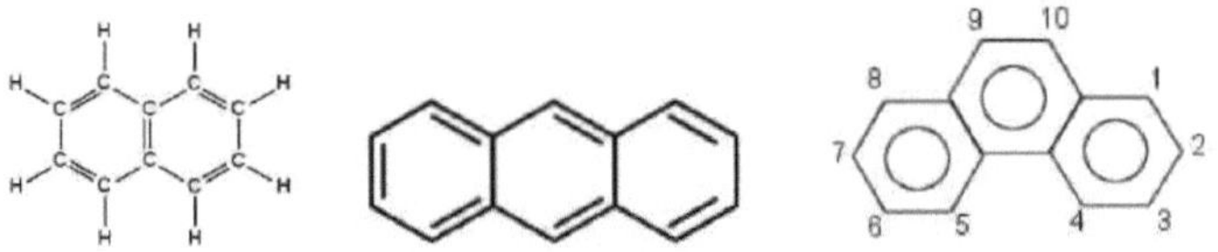

Naphthalene Anthracene Phenanthrene

Figura 3. Estrutura dos hidrocarbonetos aromáticos policíclicos de baixo peso molecular (PAH)

Um dos HAP mais bem caracterizados, e considerado um dos HAP mais potentes do ponto de vista toxicológico, é o benzo(a)pireno (Figura 4) (Zhang et al. 2008, Spink et al. 2008). A Lei Federal de Controlo da Poluição da Água dos EUA (1972) e a Lei da Água Limpa dos EUA (1977) enumeram 16 HAP como poluentes prioritários com base no seu potencial carcinogénico em animais e seres humanos (Bixian et al. 2001). A investigação atual centra-se nos efeitos da biodegradação microbiana de HAPs compostos por mais de três anéis (Figura 4). Os HAPs com mais de três anéis são frequentemente referidos como HAPs de elevado peso molecular (HMW) (Kanaly et al. 2000, Oren et al. 2006).

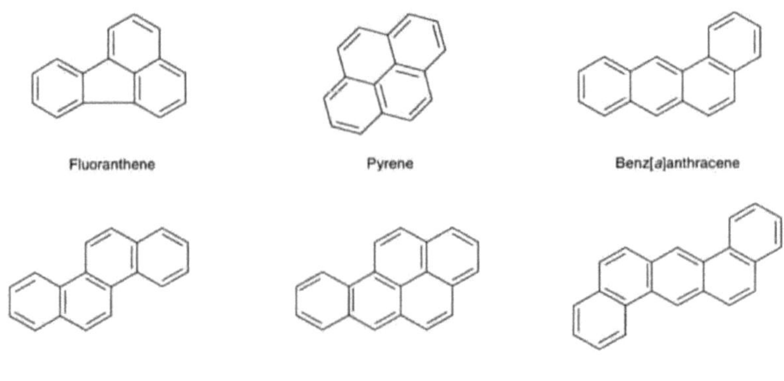

Figura 4. PAHs representativos de elevado peso molecular (HMW) associados aos sedimentos do rio Mahoning, Fonte: (Kanaly et al. 2000)

Os HAP são lipofílicos, têm baixa volatilidade e encontram-se principalmente no solo, em sedimentos e em substâncias oleosas. No seu estado puro, os HAP existem geralmente como sólidos incolores, brancos ou amarelo-esverdeados e podem ter um odor fraco e agradável (King et al. 2004). Os HAP são contaminantes omnipresentes no ambiente e o seu destino na natureza é motivo de grande preocupação ambiental devido à sua potencial toxicidade, mutagenicidade, teratogenicidade e carcinogenicidade (Spink et al. 2008, Luch et al. 2005). Os HAP podem ser libertados para o ambiente através de emissões atmosféricas (vulcões, incêndios, gases de escape dos automóveis); através da água (descargas industriais, refinação de petróleo, estações de tratamento de águas residuais); e para o solo (deposição atmosférica, aterros). A fuga de contentores de armazenamento em locais de resíduos perigosos pode libertar HAP concentrados no solo e na água, o que os torna especialmente perigosos para os lactentes que vivem perto de locais de resíduos perigosos (Zhang et al. 2008, Oren et al. 2006). Os fetos expostos a HAP estão em grande risco e são susceptíveis de sofrer atrasos de crescimento, baixo peso à nascença, pequeno perímetro cefálico, baixo QI, danos no ADN e perturbações nos sistemas endócrinos, como o estrogénio, a tiroide e os esteróides. O nível de HAP na dieta típica dos EUA é inferior a 2 partes de HAP totais por mil milhões de partes de alimentos (ppb), ou menos de 2 microgramas por quilograma de alimentos (Qig/kg; um micrograma é a milésima parte de um miligrama). As principais fontes de exposição aos HAP para a maioria da população dos EUA são a inalação dos compostos no fumo do tabaco, no fumo da madeira e no ar ambiente, e o consumo de HAP nos alimentos (Zhang et al. 2008, Bixian et al. 2006, Kanaly et al. 2000, Oren et al. 2006, Perera et al. 2006, King et al. 2004).

O destino ambiental de uma molécula de HAP depende, em parte, do número de anéis aromáticos e do padrão de ligação entre anéis. De um modo geral, o aumento do tamanho e da angularidade de uma molécula de HAP resulta num aumento simultâneo da hidrofobicidade e da estabilidade eletrónica (Spink et al. 2008, Luch et al. 2005). A estabilidade e a hidrofobicidade da molécula de HAP são dois factores primários que contribuem para a persistência dos HAP HMW no ambiente. Devido à sua natureza lipofílica, os HAP têm um elevado potencial de biomagnificação através de transferências tróficas. A relação entre a persistência ambiental dos HAP e o aumento do número de anéis de benzeno é coerente com os resultados de vários estudos que correlacionam as taxas de biodegradação ambiental e o tamanho da molécula de HAP. Por exemplo, a meia-vida registada no solo e nos sedimentos da molécula de antraceno com três anéis pode variar entre 16 e 126 dias, enquanto a da molécula de benzopireno com cinco anéis varia entre 224 e >1400 dias (Perera et al. 2006). As fontes antropogénicas e naturais de PAH, em combinação com os fenómenos de transporte global, resultam na sua distribuição mundial. Por conseguinte, é evidente a necessidade de desenvolver estratégias práticas de bioremediação para sítios fortemente afectados. As concentrações de HAP no ambiente variam muito, dependendo da proximidade do sítio contaminado em relação à fonte de produção, do nível de desenvolvimento industrial e dos modos de transporte dos HAP. Foram registadas concentrações de HAP no solo e nos sedimentos de sítios contaminados e não contaminados que variam entre 1 pg/kg e mais de 300 g/kg (Oren et al. 2006, Luch et al. 2005). Alguns HAP são utilizados em medicamentos e no fabrico de corantes, plásticos e pesticidas. Outros estão contidos no asfalto utilizado na construção de estradas (Luch et al. 2005).

PAHs de baixo peso molecular encontrados nos sedimentos do rio Mahoning:

(a) Naftaleno:

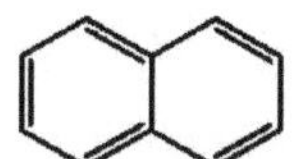

Figura 5. Estrutura do naftaleno

Sinónimos: Naftalina, naftalina, nafteno, alcatrão de cânfora, alcatrão branco, albocarbono ou antimite (MSDS).

O naftaleno é derivado do alcatrão de carvão e é um ingrediente principal das bolas de naftalina. É utilizado como agente de bronzeamento e em resinas e corantes de superfície ativa.

A exposição ao naftaleno (>2ppb) pode causar carcinoma da laringe, danos nos glóbulos vermelhos do sangue (RBC) que levam ao desenvolvimento de anemia hemolítica. A exposição aguda provoca cataratas em seres humanos, ratos, coelhos e ratinhos e as pessoas têm uma doença hereditária chamada deficiência de glucose-6-fosfato desidrogenase (US EPA 1986).

(b) Acenaftaleno:

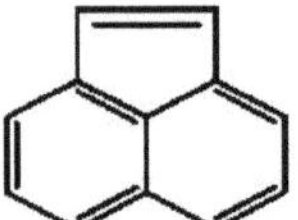

Figura 6. Estrutura do acenaftaleno

Sinónimos: Acenaftaleno, ciclopenta [de]naftaleno (MSDS).

O acenafteno é tóxico e encontra-se principalmente no petróleo bruto, no alcatrão de carvão, no fumo dos cigarros, nos gases de escape dos automóveis e nos conservantes de madeira. É utilizado no fabrico de corantes, plásticos e pesticidas.

A exposição ao acenafteno pode provocar uma diminuição dos valores dos glóbulos vermelhos, da hemoglobina e do hematócrito e tem demonstrado uma diminuição da contagem de plaquetas (homens) e de leucócitos (mulheres), hipertrofia hepato-celular, nefropatia e lesões renais relacionadas, diminuição do peso dos ovários, diminuição da atividade ovárica e uterina e corpos lúteos mais pequenos e em menor número (US EPA 1989).

(c) Acenafteno:

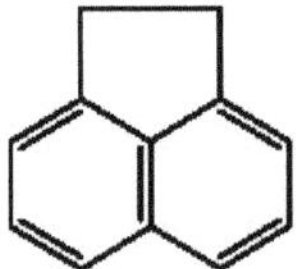

Figura 7. Estrutura do acenafteno

Sinónimos: 1, 2-di-hidroacenaftaleno, 1, 8-etilenonaftaleno, perietilenonaftaleno, naftileno etileno (MSDS).

O acenafteno é tóxico e é um constituinte do alcatrão de hulha, sendo utilizado na preparação de corantes, pesticidas e produtos farmacêuticos.

Foi relatado que a exposição ao acenafteno por inalação conduziu a efeitos patológicos em ratos (12 mg/m^3) 4 horas/dia; 6 dias/semana durante cinco meses, incluindo descamação de células epiteliais alveolares (US EPA 1989).

(d) Fluoreno:

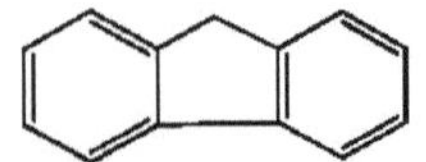

Figura 8. Estrutura do fluoreno

Sinónimos: 9H-fluoreno, o-bifenilmetano, difenilmetano, 2, 3-benzindeno (MSDS).

O fluoreno é um hidrocarboneto aromático tricíclico que contém um anel de cinco membros. A exposição ao fluoreno é conhecida por irritar a pele, os olhos e o trato respiratório. Apresenta provas de propriedades mutagénicas em animais de laboratório. Agência para o Registo de Substâncias Tóxicas e Doenças (TSDR) 1990 nível de risco mínimo ORL 0,04 mg/kg/dia.

(e) Fenantreno:

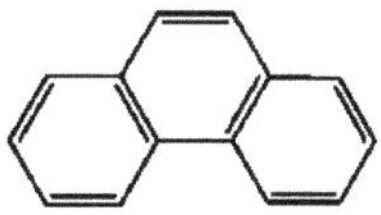

Figura 9. Estrutura do fenantreno

Sinónimos: Voláteis de alcatrão de carvão, ravatite, fenantrina (MSDS).

O fenantreno é um composto tóxico e é um hidrocarboneto aromático policíclico composto por três anéis de benzeno fundidos e fornece uma estrutura para esteróides. Encontra-se normalmente em emissões de veículos, queima de carvão e petróleo, combustão de madeira, fábricas de coque, fábricas de alumínio, siderurgia, fundições, incineradores municipais, fábricas de combustível sintético e fábricas de xisto betuminoso (US EPA 1987). É um dos vários PAHs na lista de poluentes prioritários da EPA (ATSDR 1990). É irritante e causa um efeito fotossensibilizador na pele.

(f) Antraceno:

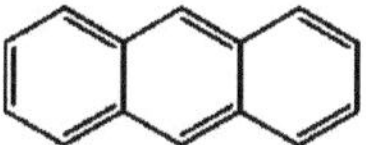

Figura 10. Estrutura do antraceno Sinónimos: Paranaftaleno, Antracina, Óleo verde (MSDS).

O antraceno é um isómero linear e menos estável do fenantreno e é formado como um produto da combustão incompleta de combustíveis fósseis. É utilizado na produção de corantes e de cortinas de fumo. Também é utilizado como semicondutor orgânico e cintilador de plástico. O antraceno é tóxico e provoca fotossensibilidade, resultando em lesões cutâneas provocadas pela exposição à radiação ultravioleta (UV) (US EPA 1987, Dayhaw-Barker et al. 1985, Forbes et al. 1976).

PAHs de elevada molecularidade encontrados no rio Mahoning:

(a) Pireno:

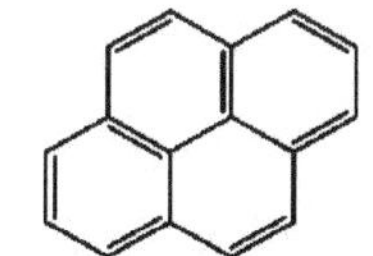

Figura 11. Estrutura do pireno

Sinónimos: beta-pireno, voláteis de breu de alcatrão de carvão (MSDS).

O pireno é produzido numa gama mais ampla de condições de combustão, uma vez que é muito mais estabilizado por ressonância do que o seu isómero fluoranteno, que contém um anel de cinco membros.

As avaliações do ensaio de pintura da pele em ratos revelaram uma carcinogenicidade completa em ratos.

No entanto, tem sido considerada tóxica para os seres humanos (Van Duren e Goldschmidt 1976).

(b) Benzo(a)pireno:

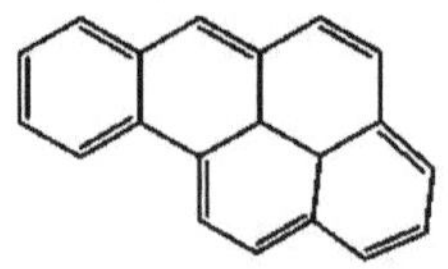

Figura 12. Estrutura do Benzo(a) pireno

Sinónimos: 3, 4-benzopireno, Benzo (alfa) Pireno (MSDS).

O benzo(a)pireno encontra-se no alcatrão de carvão, nos gases de escape dos automóveis (especialmente dos motores a diesel), no fumo do tabaco, no fumo da marijuana, no fumo da madeira e nos alimentos grelhados.

O benzo(a)pireno é um provável carcinogéneo humano, tóxico para o desenvolvimento, tóxico endócrino, imunotóxico, tóxico para as vias respiratórias e tóxico para a pele/órgãos dos sentidos (US EPA 1994) .

(c) Benzo(a)antraceno:

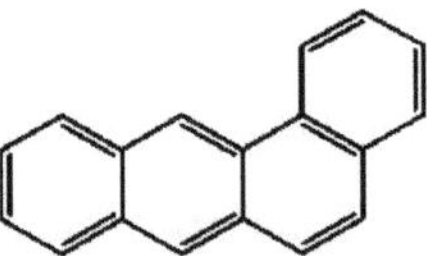

Figura 13. Estrutura do Benzo(a) antraceno Sinónimos: Benzo(a) fenantreno, Tetrafeno (MSDS).

O benzo (a) antraceno é um produto natural produzido pela combustão incompleta de materiais orgânicos. A disposição dos anéis aromáticos na molécula de benz(a)antraceno confere-lhe uma "região de baía" frequentemente correlacionada com propriedades cancerígenas (US EPA 1980, Jerina et al. 1977).

(d) Chrysene:

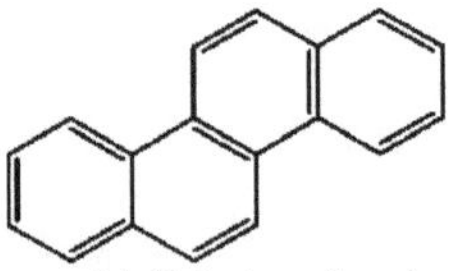

Figura 14. Estrutura do criseno

Sinónimos: 1, 2-benzfenantreno (MSDS).

O criseno é um constituinte natural do alcatrão de hulha. É formado pela combustão de petróleo bruto, queima de lixo, material vegetal e animal, diesel e gases de escape de aeronaves, emissões de fornos de coque e utilizado no fabrico de corantes artificiais.

O criseno é um provável carcinogéneo e mutagéneo e a exposição ao criseno (> 0,2 mg/m^3) durante muito tempo pode provocar cancro da pele (IARC 1983, ATSDR 1990).

(e) Dibenz (a,h) antraceno:

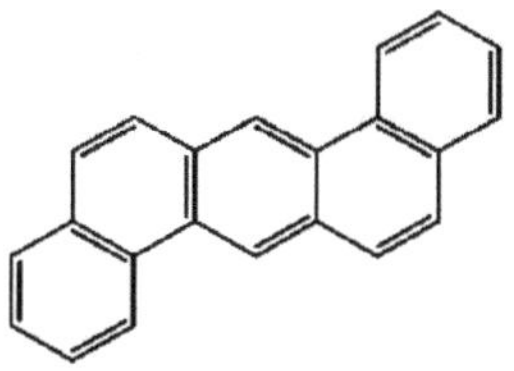

Figura 15. Estrutura do Dibenz (a,h) antraceno

Sinónimos: 1, 2:5, 6-Dibenzantraceno (MSDS).

O dibenz (a,h) antraceno ocorre como componente de alcatrão de carvão e óleos de xisto. Encontra-se nos gases de escape de motores a gasolina, no fumo de cigarros, em locais próximos de estradas muito movimentadas, em águas superficiais e em solos próximos de locais de resíduos perigosos (ATSDR 1993, IARC 1983).

Estudos em animais mostraram o desenvolvimento de doenças pulmonares, doenças pancreáticas e carcinomas mamários em fêmeas, tornando-o assim carcinogénico e mutagénico (ATSDR 1993, IARC 1983).

(f) Benzo (ghi) perileno e Benzo (b, k) fluoranteno:

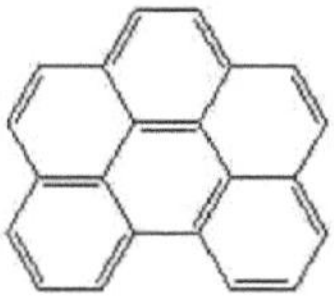

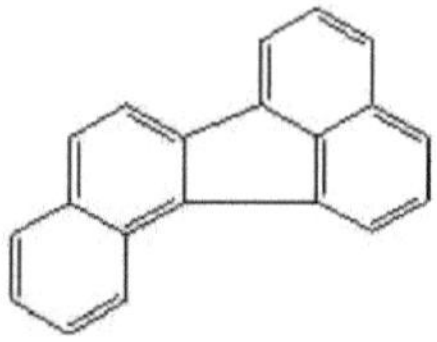

Figura 16. Estrutura do benzo(ghi)perileno

Figura 17. Estrutura do Benzo(b,k) fluoranteno

Benzo (ghi) perileno:

Sinónimos: 1, 12-Benzoperileno; 1, 12-Benzperileno (MSDS).

Benzo (b, k) fluoranteno:

Sinónimos: Benzo[b]fluoranteno, benzo[j]fluoranteno (MSDS).

Estes HAPs resultam muito provavelmente da combustão incompleta de uma variedade de combustíveis, incluindo madeira e combustíveis fósseis. Encontram-se no fumo de cigarros, no ar urbano, nos gases de escape dos motores a gasolina, nas emissões da combustão do carvão e do aquecimento a óleo, nos alimentos grelhados e fumados, nos óleos e na margarina (IARC 1983). Está classificado como provável carcinogénio humano e a exposição pode provocar tumores (LaVoie et al 1982).

Bioremediação por fungos da podridão branca (Pleurotus ostreotus)**:**

A bioremediação é uma técnica gerida ou espontânea em que são utilizados processos microbiológicos (bactérias, fungos) para degradar ou transformar contaminantes em formas menos tóxicas ou não tóxicas. As bactérias têm sido amplamente utilizadas para a degradação de pesticidas devido à sua facilidade de cultura, taxas de crescimento mais rápidas e facilidade de manipulação genética (Pabba 2008). A remediação bacteriana pode ser limitada pelo tamanho da molécula de HAP. Os HAP de baixo peso molecular são normalmente degradados com facilidade, mas os HAP de alto peso molecular, com cinco ou mais anéis,

resistem à degradação bacteriana extensiva no solo e nos sedimentos. Este facto pode ser atribuído à biodisponibilidade limitada dos HAP fortemente adsorvidos na matéria orgânica do solo (Field et al. 1992). Estudos demonstraram que os fungos, em particular os fungos da podridão branca, são capazes de degradar um grande número de poluentes, incluindo os HAP (Pabba 2008). Os fungos podem oferecer algumas vantagens em relação às bactérias para a remediação devido à sua rápida colonização de substratos e elevada tolerância à toxina (Cerniglia et al. 1992, 1993). Estes fungos apresentam um sistema de degradação extracelular
que é capaz de clivar a lenhina (Figura 18) (Pabba 2008). As lenhinas são um biopolímero amorfo e complexo com uma estrutura aromática que se assemelha à estrutura molecular aromática de poluentes como os HAP, os pesticidas e os bifenilos policlorados (PCB) (Valentin et al. 2006). Tanto a lenhina como os PAHs são altamente insolúveis, hidrofóbicos e colocam problemas semelhantes à catálise por enzimas que tendem a ser solúveis em água e geralmente altamente estereoespecíficas. Esta semelhança estrutural torna viável a degradação fúngica dos HAPs por Pleurotus ostreatus ou fungos da podridão branca. A capacidade destes fungos para degradar múltiplos poluentes com grande diversidade estrutural alimentou o interesse na sua utilização para bioremediação (Pabba 2008).

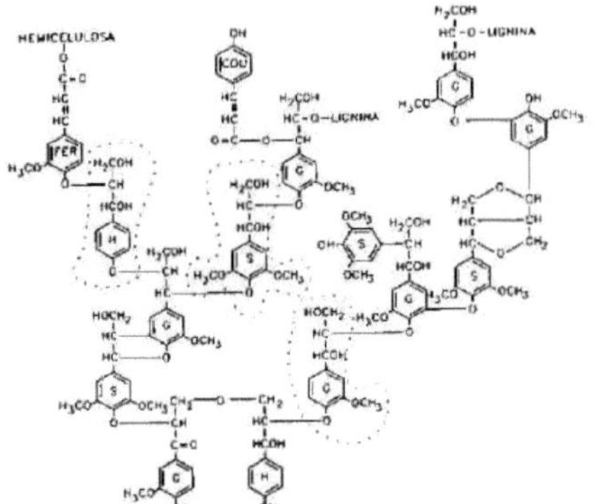

Figura 18. Estrutura química da lignina

Fonte: http://www.ibwf.de/env&enz_index.htm

O potencial lignolítico destes fungos pode estar relacionado com a secreção de enzimas oxidativas, tais como lenhina peroxidases, manganês peroxidases e laccases. A importância destas enzimas extracelulares reside no facto de serem radicais livres capazes de clivar a lenhina e outras estruturas anelares, incluindo os HAP. P. ostreatus oxidará parcialmente os PAH, convertendo os poluentes em compostos mais solúveis com maior biodisponibilidade. As principais reacções bioquímicas na degradação co-metabólica dos poluentes pelos fungos incluem a oxidação, redução, hidroxilação, clivagem de anéis aromáticos, hidrólise, desalogenação, metilação e desmetilação, desidrogenação, clivagem de éteres, condensação e formação de conjugados. Para sobreviverem no solo, os fungos da podridão branca necessitam de substratos lignocelulósicos como fonte de carbono para obter energia. Muitos estudos mostram a utilização de palha e trigo moído como bons substratos para o crescimento de fungos (Wolter 1997). Descobertas recentes mostraram que a toxicidade dos poluentes orgânicos foi muito reduzida em meios à base de serradura do que em meios líquidos (Alleman et al. 1992).

Foram efectuados trabalhos anteriores que demonstram a eficácia de Pleurotus ostreatus como fungo degradador de HAP (Baldrian et al., 2000). Um estudo demonstrou que, após apenas três dias de incubação, o P. ostreatus era capaz de degradar o fluoreno e o antraceno em 43 % e 60 % em cultura líquida (Schutzendubel et al. 1999). Um estudo que analisou solos contaminados com creosote incubados durante um período de 70 dias com P. ostreatus demonstrou que os hidrocarbonetos com dois e três anéis foram erradicados, deixando apenas pequenas concentrações de hidrocarbonetos com quatro e cinco anéis (Atagana et al. 2006).

Outra razão importante para a utilização de P. ostreatus na bioremediação é o facto de ser mais aceitável para o público. O P. ostreatus é uma espécie comestível de cogumelo cultivada comercialmente para consumo humano. Devido à disponibilidade comercial de P. ostreatus, seria mais aceitável para o público em geral utilizar esta espécie para bioremediação na bacia hidrográfica do rio Mahoning.

Esteróides:

Os esteróides são moléculas policíclicas complicadas que se encontram em todas as plantas, animais e no reino fúngico. Os esteróides são compostos tetracíclicos que desempenham uma grande variedade de funções biológicas, incluindo hormonas (hormonas sexuais), emulsionantes (ácidos biliares) e componentes das membranas (colesterol). São classificados como lípidos simples porque não sofrem hidrólise como as gorduras, os óleos e as ceras. Os esteróides são compostos cujas estruturas se baseiam no sistema de anéis tetracíclicos da andosterona, representado na Figura 19. Os esteróides de interesse para o crescimento de fungos no solo são o colesterol e o ergosterol.

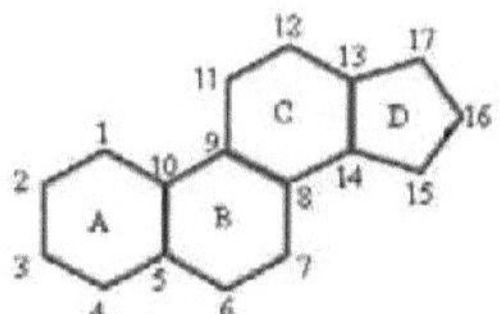

Figura 19. Sistema de anéis do andostano

Os quatro anéis são designados como A, B, C e D, começando com o anel no canto inferior esquerdo, e os átomos de carbono são numerados começando com o anel A e terminando com os dois grupos metilo axiais "angulares". A androsterona pode ter uma estereoquímica *trans* ou *cis* em cada junção de anéis (Wade 2006).

Colesterol:

O colesterol é um intermediário biológico comum e é o precursor biossintético de outros esteróides. Foi descoberto pela primeira vez na pedra da vesícula humana e recebeu o nome de colesterol devido à sua presença na bílis. É um álcool monoinsaturado, com a fórmula $C_{27}H_{46}O$, encontrado em todos os animais superiores. Apresenta três regiões: uma cauda de hidrocarboneto, quatro anéis de hidrocarboneto e um grupo hidroxilo (Javitt 1994) (Figura 20).

O colesterol é a molécula precursora de várias vias bioquímicas. No fígado, o colesterol é convertido em bílis, que é depois armazenada na vesícula biliar. A bílis contém sais biliares, que solubilizam as gorduras no trato digestivo e ajudam na absorção intestinal das moléculas de gordura, bem como das vitaminas lipossolúveis, vitamina A, vitamina D, vitamina E e vitamina K (Javitt 1994). Cerca de 20-25% da produção diária total de colesterol ocorre no fígado; outros locais com elevadas taxas de síntese incluem os intestinos, as glândulas supra-renais e os órgãos reprodutores (Lewington et al. 2007).

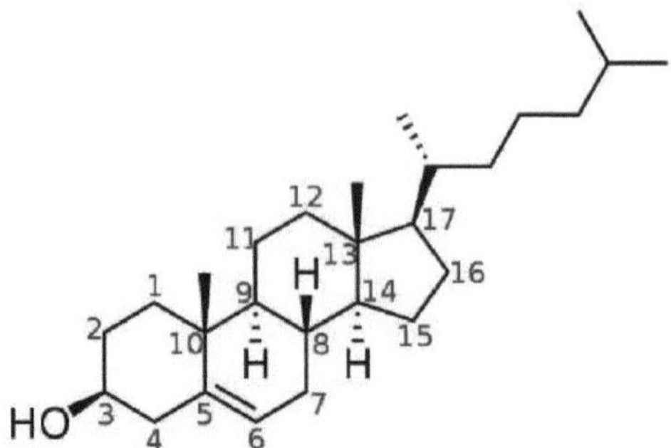

Figura 20. Estrutura química do colesterol (MW 386,65)

O colesterol é necessário para construir e manter as membranas celulares; regula a fluidez das membranas ao longo da gama de temperaturas fisiológicas. O grupo hidroxilo do colesterol interage com os grupos polares da cabeça dos fosfolípidos e esfingolípidos da membrana, enquanto o esteroide volumoso e a cadeia de hidrocarbonetos são incorporados na membrana, juntamente com a cadeia não polar de ácidos gordos dos outros lípidos (Olson 1998). O papel do colesterol nesta endocitose pode ser investigado utilizando metil beta ciclodextrina (MpCD) para remover o colesterol da membrana plasmática. Recentemente, o colesterol foi também implicado em processos de sinalização celular, contribuindo para a formação de jangadas lipídicas na membrana plasmática (Haines 2001). Em muitos neurónios, uma bainha de mielina, rica em colesterol, uma vez que é derivada de camadas compactadas da membrana das células de Schwann, proporciona isolamento para uma condução mais eficiente dos impulsos. No interior da membrana celular, o colesterol também funciona no transporte intracelular, na sinalização celular e na condução nervosa (Wojciech et al. 2006). O colesterol é uma molécula precursora importante para a síntese da vitamina D e das hormonas esteróides, incluindo as hormonas da glândula suprarrenal cortisol e aldosterona, bem como as hormonas sexuais progesterona, estrogénio e testosterona e seus derivados (Smith 1991).

Ergosterol:

O ergosterol, ($C_{28}H_{44}O$) (22-Ergosta-5, 7, 22-trien-3-P-ol) é um esteroide exclusivo da membrana celular dos fungos (Figura 21). Os fungos representativos que contêm ergosterol podem incluir cogumelos como Lentinus edodes, Grefola frondosa, leveduras e bactérias leguminosas encontradas em raízes de plantas leguminosas; além disso, outros microrganismos que contêm ergosterol podem incluir algas unicelulares como Chlorella (Boer et al. 2006).

O ergosterol é um composto cristalino branco, insolúvel em água e solúvel em solventes orgânicos. Para preparar sistemas de bioremediação, são necessários métodos de avaliação para determinar o papel fundamental dos fungos nos ecossistemas terrestres. As determinações microscópicas do comprimento das hifas foram as mais utilizadas como método de avaliação. A quantificação do nível de ergosterol do solo é cada vez mais utilizada como estimativa da biomassa fúngica do solo (Boer et al. 2006).

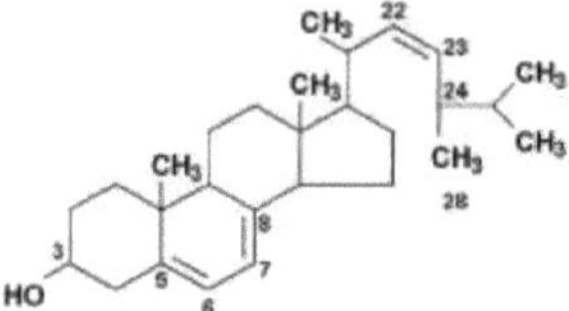

Figura 21. Estrutura química do ergosterol (M.W. 396,65)

Os fungos podem ser os principais decompositores de material vegetal num sistema aquático e a sua presença e biomassa podem ser medidas indiretamente através da deteção de ergosterol (Fig. 21), tornando-o assim uma molécula índice ideal para estes microrganismos. O ergosterol é convenientemente utilizado como medida da biomassa fúngica viva em amostras ambientais, principalmente através da utilização de cromatografia líquida de alta eficiência (HPLC) (Verma et al. 2002, Larsen et al. 2004, Headley et al. 2002). Devido ao seu elevado grau inerente de sensibilidade e especificidade, deverá ser vantajoso utilizar GC-MS para medir o ergosterol. Pensa-se que o ergosterol sofre uma degradação rápida após a morte celular, pelo que os níveis de ergosterol presentes são geralmente considerados como estando diretamente correlacionados com a biomassa fúngica viva (Verma et al. 2002, Larsen et al. 2004, Headley et al. 2002, Axelsson et al. 1995). Até à data, a maior parte da investigação centrou-se na biomassa fúngica em folhas de plantas ou gramíneas em decomposição em pântanos salgados, cursos de água ou em solos florestais onde existe um elevado teor de resíduos vegetais. Poucos trabalhos foram relatados para a deteção de ergosterol em matrizes ambientais para além das mencionadas e nenhum em zonas ribeirinhas do norte.

Os dados indicam que a ampla gama de conteúdos específicos de ergosterol da biomassa fúngica viva no solo está relacionada com a quantidade de hifas fúngicas no solo (Zeppa et al. 2000). Desenvolvimentos recentes estão a utilizar a deteção de ergosterol em amostras ambientais. Foram publicadas recentemente numerosas investigações sobre a utilização do ergosterol como indicador geral de contaminação fúngica no solo. Os fungos de podridão branca, P. ostreatus, são os mais eficientes na degradação do petróleo em solos contaminados (Axelsson et al. 1995).

Os fungos contribuem de forma extremamente importante para o funcionamento dos ecossistemas terrestres. Estes organismos, enquanto grupo, são os heterótrofos primariamente responsáveis pela decomposição de resíduos orgânicos, representam grandes reservatórios de nutrientes, participam em simbioses micorrízicas com a maioria das plantas terrestres, estão criticamente envolvidos nas redes alimentares do solo e servem para estabilizar os solos através da sua contribuição para a agregação do solo. De facto, a biomassa fúngica em ambientes terrestres só pode ser ultrapassada pela das plantas, mas os problemas de quantificação exacta dos fungos dificultam a medição da biomassa fúngica (Stahl et al. 1996).

Os fungos, tal como muitos outros microrganismos, não podem ser facilmente vistos ou separados da matriz do solo. Outro problema é o facto de os fungos serem um grupo altamente diversificado de organismos com grandes disparidades morfológicas e fisiológicas que tornam difícil quantificar a sua biomassa com um único ensaio ou medição (Stahl et al. 1996).

Os métodos bioquímicos para o ensaio de moléculas marcadoras fúngicas, como a quitina (mais corretamente, a glucosamina) e o ergosterol, podem implicar uma menor variabilidade associada ao observador, como se verifica nas medições das hifas, mas acarretam outros problemas. O teor de glucosamina nos tecidos fúngicos é variável e a especificidade dos fungos e da glucosamina pode ser encontrada noutros microrganismos do solo, pelo que a utilização da técnica da glucosamina está a diminuir (Stahl et al. 1996). O método do ergosterol, que foi proposto mais recentemente como medida da biomassa fúngica no solo, está a ganhar popularidade, mas ainda não foi avaliado exaustivamente. O ergosterol pode ser um índice particularmente útil da presença de fungos, uma vez que é indígena apenas dos fungos e de certas microalgas verdes. Um dos problemas deste método reside na conversão das concentrações de ergosterol no solo em estimativas da biomassa fúngica. Sabe-se que o teor de ergosterol no tecido fúngico varia consoante a espécie e o estado fisiológico do fungo e que alguns grupos de fungos não produzem ergosterol de todo (Stahl et al. 1996).

Foram descritos vários métodos para a deteção de ergosterol em matrizes ambientais, a maioria dos quais se baseia na cromatografia líquida de alta resolução convencional com deteção por ultravioleta (HPLC-UV) e/ou na cromatografia gasosa com deteção por espetrometria de massa. Nos métodos de cromatografia gasosa, é comum formar um derivado trimetilsilílico ou um éster metílico para melhorar a forma do pico e a deteção (Larsen et al. 2005).

O teor de ergosterol tem sido utilizado para estimar a biomassa fúngica em vários ambientes, por exemplo no solo e em sistemas aquáticos, porque existe uma forte correlação entre o teor de ergosterol e a massa seca dos fungos (Parsi et al. 2006). No entanto, a quantidade de ergosterol no tecido fúngico não é constante. Depende da espécie fúngica, da idade da cultura, do estádio de desenvolvimento (fase de crescimento, formação de hifas e esporulação) e das condições de crescimento (meio de cultura, pH e temperatura). Infelizmente, ainda não foi determinada uma tendência clara que relacione o ergosterol com qualquer um destes factores (Parsi et al. 2006).

Em todas estas aplicações, o sistema de pirólise GC/MS foi utilizado para libertar ergosterol intacto da amostra e não para o pirolisar. No entanto, outros componentes da amostra foram certamente submetidos a pirólise nas condições aplicadas (Parsi et al. 2006).

Vantagens do Ergosterol para a biomassa fúngica:

Os esteróis são componentes estruturais e reguladores essenciais das membranas celulares eucarióticas (Veen et al. 2005). O ergosterol, o produto final das vias biossintéticas

e o principal esterol nas leveduras e noutros fungos, é responsável por caraterísticas estruturais das membranas, como a fluidez e a permeabilidade, à semelhança do que acontece com o colesterol nas células dos mamíferos (Veen et al. 2005). Vários intermediários da via do ergosterol são metabolitos economicamente importantes. O lanosterol, o primeiro esterol da via, é utilizado como emulsionante auxiliar não iónico para gelificar hidrocarbonetos e é adicionado a preparações cosméticas, em especial batons e cremes cosméticos (Veen et al. 2005). O próprio ergosterol é vulgarmente conhecido e utilizado como provitamina D2. O ergosterol é um esterol de elevado peso molecular que, quando isolado na forma cristalina, é um produto intermédio utilizado na preparação de vitamina D, incluindo os seus metabolitos activos, e na indústria química e farmacêutica, na preparação de hormonas esteróides. O ergosterol (provitamina D2) é um líquido insaponificável que se encontra na cravagem, nas leveduras e noutros fungos. Trata-se de um composto cristalino branco, insolúvel em água e solúvel em solventes orgânicos. É convertido em ergocalciferol (vitamina D2) após irradiação por luz UV ou bombardeamento eletrónico (Rajakumar et al. 2007). Os esteróis também funcionam como hidratantes em cosméticos para condicionamento da pele e servem como material de partida de eleição para a síntese de vários derivados triterpenóides tetracíclicos. Os esteróis actuam como componentes estruturais dos lipossomas, que são utilizados como transportadores de medicamentos e substâncias de diagnóstico em aplicações farmacêuticas. O ergosterol tem um efeito anticarcinogénico dos extractos de levedura nas células do cancro da mama; os produtos de oxidação do ergosterol são responsáveis por este efeito (Veen et al. 2005).

As membranas das células eucarióticas têm várias funções importantes. Actuam como barreiras entre o interior da célula ou o lúmen dos organelos e o ambiente correspondente. As membranas também transportam proteínas que transportam relativamente moléculas ou actuam como enzimas em diferentes actividades metabólicas (Veen et al. 2005).

O ergosterol é considerado o principal esterol dos fungos e desempenha um papel importante como componente da membrana celular. Por isso, tem sido proposto como um indicador global da qualidade micológica de alimentos e rações. Um aspeto interessante deste composto é que não é afetado por um tratamento físico rigoroso, permitindo a deteção de contaminação prévia por fungos. Os níveis de ergosterol são normalmente utilizados como parâmetros de qualidade em ambientes ecológicos, industriais e agronómicos. Além disso, foram encontradas correlações significativas entre o ergosterol e as principais micotoxinas (fumonisina B1, zearalenona, desoxinivalenol, ocratoxina A, patilina) no milho, arroz, tomate e trigo. Por conseguinte, a determinação do ergosterol pode ser considerada como um bom índice de desenvolvimento fúngico nos cereais e pode ser um indicador precoce da potencial produção de micotoxinas. A sua determinação pode ser utilizada na indústria para rastrear a produção, antes da análise de micotoxinas (Tardieu 2007).

Comparação entre o colesterol e o ergosterol:

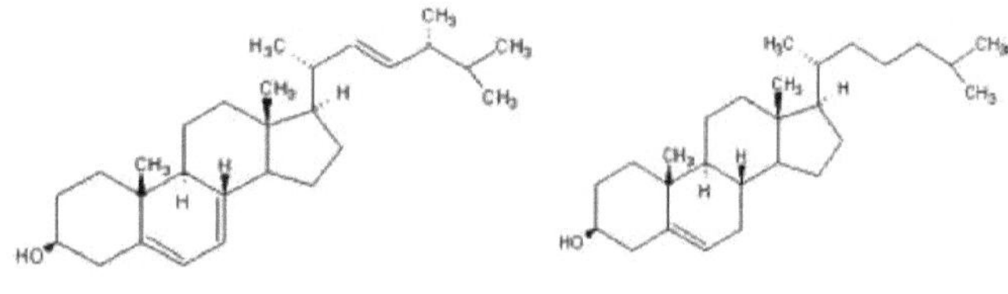

Ergosterol Cholesterol

Figura 22. Comparação das estruturas do ergosterol e do colesterol

Fonte: Jedlickova et al. 2008.

Estruturalmente, o ergosterol e o colesterol (Figura 22) estão relacionados entre si mas, surpreendentemente, o colesterol ocorre em animais e o ergosterol está presente em plantas e fungos. O ergosterol difere do colesterol por ter três posições de insaturação, nos átomos de carbono 5-6, 7-8 e 22-23, e por conter um grupo metilo (átomo de carbono 28) substituído por um átomo de hidrogénio no átomo de carbono 24. A diferença entre as estruturas do colesterol e do ergosterol é que, no ergosterol, existem ligações duplas nas posições 7 e 22, enquanto que no colesterol não existem ligações duplas nas posições 7 e 22. No ergosterol, há um grupo isopropilo na posição 24, enquanto no colesterol não há grupo isopropilo.

Objetivo:

Os efeitos potencialmente deletérios dos HAP na saúde humana e a sua biodegradação microbiana no sistema ambiental levaram este investigador a realizar este projeto como tema de tese. O objetivo desta investigação é extrair e medir a biodegradação de hidrocarbonetos aromáticos policíclicos para as várias amostras recolhidas dos sedimentos do rio Mahoning utilizando GC/MS através de um procedimento de extração de lípidos. Foi desenvolvido um novo método, o método de extração de ergosterol, com o objetivo de ser útil na extração tanto de PAH como de ergosterol. A importância deste estudo é descobrir se Pleurotus ostreatus é capaz de desempenhar um papel importante na degradação de PAHs em sedimentos de rio húmidos, únicos e historicamente contaminados. O Pleurotus ostreatus, um fungo da podridão branca, é inoculado nos sedimentos contaminados do rio Mahoning, sendo posteriormente analisado o efeito do ergosterol como indicador da biomassa fúngica. O objetivo desta investigação é (1) determinar o procedimento eficiente de extração de PAH e (2) comparar dois métodos de extração de PAH. Um dos objectivos mais importantes é também comparar os dois métodos e analisar qual deles dá resultados mais produtivos. O método de extração de ergosterol modificado será o método mais eficiente para a extração de PAHs e ergosterol se der resultados qualitativos analisados por GC/MS. Inoculámos os sedimentos contaminados do rio Mahoning com Pleurotus ostreatus. O nosso objetivo é analisar o ergosterol extraído por GC/MS para podermos detetar a degradação de PAHs em diferentes intervalos de tempo por Pleurotus ostreatus dos sedimentos do rio Mahoning. No futuro, poderão ser efectuados mais trabalhos com este método recentemente desenvolvido.

CAPÍTULO 2

Materiais e métodos

Parte 1 Biodegradação de PAHs

Recolha de amostras

As amostras de sedimentos foram recolhidas na margem do rio Mahoning em Lowellville, Ohio (Figura 23) e armazenadas a 4° C até à sua utilização. Cada amostra de sedimento foi analisada quanto ao teor de PAH utilizando as técnicas de extração de lípidos e de ergosterol para controlar as eficiências de extração.

Figura 23. Sedimento contaminado com PAH de Lowelville OH

Crescimento fúngico

A cultura da podridão branca foi cultivada por estudantes de Biologia em placas de ágar batata dextrose (PDA) selectivas para a podridão branca (Dietrich e Lamar 1990). As placas selectivas inoculadas foram colocadas em incubadoras a 25 °C durante 72-120 horas. Os núcleos das placas foram retirados e colocados em frascos Erlenmeyer estéreis de 250 ml contendo 125 ml de ágar dextrose de batata

Caldo de dextrose (Sigma). Os caldos foram colocados num agitador a 250 RPM durante 48-72 horas à temperatura ambiente (pormenores no apêndice 9).

Após o crescimento dos inóculos em 125 ml de caldo de Batata-Dextrose, 500 ml de grãos foram colocados num saco de semente (Fungi Perfecti LLC) com 150 ml de água desionizada. O saco de semente contendo a mistura de grão e água foi selado com um selador de impulso e autoclavado a 121 °C. Uma vez autoclavado, o saco de semente foi então inoculado com 125 ml de caldo de batata-dextrose contendo os inóculos de P. ostreatus. Os sacos de semente foram então colocados numa incubadora a 25 °C durante 72-120 horas.

Preparação da incubação de sedimentos

Um litro de sedimento do rio Mahoning contaminado com PAH foi transferido para recipientes de vidro de 2 litros ("fish bowls"). Oito tratamentos experimentais foram testados em triplicado no laboratório durante um período de 6 semanas. O primeiro tratamento continha apenas sedimento, que foi utilizado como controlo. O sedimento do tratamento foi emendado com serradura (60% por volume), aumentado com Pleurotus ostreatus (10% por volume) nos tratamentos e 10% por volume de grãos inoculados foram adicionados a cada taça (contendo amostras de sedimento) como substratos para o crescimento de fungos. O segundo tratamento (em volume) consistiu em 30% de sedimento com 60% de serradura aumentada com Pleurotus ostreatus (10% em volume) e 10% do grão inoculado como substrato para o crescimento de fungos foi adicionado a cada taça.

Aos tratamentos com pó de serra (que fornece carbono e nutrientes aos fungos), foram adicionados fungos (Pleurotus ostreatus) e uma fonte adicional de azoto (10% por volume) para estimular o crescimento dos fungos. Uma amostra de sedimento sem tratamento foi tomada como controlo. As fontes de azoto incluíram spawnmate, ureia, peptona e triptofano.

O conteúdo da taça foi misturado para criar uma mistura homogénea. Uma placa de Petri de vidro cheia de água esterilizada foi suspensa dentro da taça de vidro para manter o teor de humidade constante. As taças de incubação foram cobertas primeiro com película de plástico e depois com folha de alumínio e colocadas numa incubadora a 25 °C. Inicialmente, foram testados sete tratamentos no momento zero, em julho de 2008 (quadro 1); as extracções de HAP foram efectuadas a partir destas amostras como teste do método de extração de lípidos. Os primeiros controlos continham sedimentos, pó de serra (600 ml), grãos (100 ml) e fungos (100 ml).

Em outubro de 2008, foram preparados mais oito tratamentos (Quadro 2) e as extracções de HAP de cada tratamento foram efectuadas em três momentos diferentes: 0, 21 e 42 dias.

Tabela. 1 Tratamentos de amostragem de julho de 2008

1.	Control (Sediment, Sawdust, Fungi)
2.	Control + Spawn mate (50ml)
3.	Control + Spawn mate (100ml)
4.	Control + Urea (5g)
5.	Control + Urea (50g)
6.	Control + peptone (5g)
7.	Control + peptone (10g)

Tabela. 2 Tratamentos de amostragem de outubro de 2008

1.	Control (Sediment only)
2.	Control+ Sawdust+Fungi
3.	Control + Sawdust+Fungi+Spawnmate (25ml)
4.	Control + Sawdust+Fungi+Spawnmate(150ml)
5.	Control + Sawdust+Fungi+Peptone (5g)
6.	Control + Sawdust+Fungi+peptone (15g)
7.	Control + Sawdust+Fungi+tryptophan (1g)
8.	Control + Sawdust+Fungi+tryptophan (10g)

Procedimento de extração de lípidos

Os PAH foram extraídos utilizando um método modificado de extração de lípidos dos sedimentos contaminados do rio Mahoning (Fang e Findlay 1996), com base no método de Bligh e Dyer (Figura 24). Uma mistura de diclorometano (DCM), metanol, tampão fosfato (pH 7,4) e uma solução de substituição foram adicionados às amostras, bem misturados e extraídos (procedimento pormenorizado nos apêndices 1 e 3).

A fase orgânica (DCM) que contém os PAH foi recolhida e purificada em colunas de sulfato de sódio. A amostra foi ainda concentrada por evaporação do solvente.

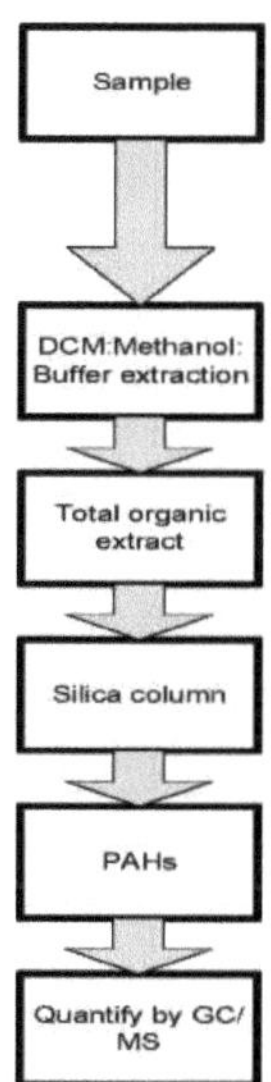

Figura 24. Fluxograma do procedimento de extração de HAP (baseado em Fang e Findlay 1996)

Parte 2 Extração de Ergosterol e PAHs

Procedimento de extração de esteróides:

Muito trabalho é feito para a extração de PAHs e ergosterol separadamente, utilizando cromatografia líquida de alta eficiência (HPLC), o que pode ser demorado e criar maiores quantidades de resíduos. A utilização de um único método de extração para extrair os PAH e o ergosterol em conjunto consome menos tempo e produz menos resíduos. A cromatografia gasosa-espetrometria de massa (GC/MS) é utilizada para a análise em vez da HPLC porque é mais eficiente e exacta devido ao seu elevado grau de sensibilidade e especificidade (Axelsson et al. 1995, Stahl et al. 1996, Yateem et al. 1998, Parsi et al. 2006). A extração e análise do ergosterol dos sedimentos e dos ergosteróis de referência foi efectuada utilizando um método modificado a partir do protocolo descrito por Brodie et al. (2003), sendo o etanol utilizado como álcool de extração devido à sua maior eficiência de extração (Padgett et al. 1993). O padrão de referência de esteróis (ergosterol e colesterol com 98% de pureza, Sigma- Aldrich) foi preparado em diclorometano (DCM). Durante o processo de extração das amostras, foi utilizado KOH 1,50 M em etanol a 96% para o processo de saponificação. Isto causou a desesterificação do ergosterol complexado para a sua forma livre e facilitou a sua deteção (pormenores no apêndice 7).

Todas as extracções de esteróis (ergosterol e colesterol) foram feitas em triplicado. As misturas de controlo foram uma combinação de sedimento + serradura + fungos cultivados em cevada (quadro 3). As misturas de amostras eram fungos cultivados em PDA ou em cevada e depois misturados com sedimento (Quadro 4). Os fungos foram cultivados em cevada num bio-saco durante aproximadamente 3 semanas antes da amostragem. Os fungos puros foram cultivados em PDA como descrito anteriormente. Os sedimentos foram recolhidos em Lowellville, Ohio, em setembro de 2008. As misturas de fungos e sedimentos (controlos e amostras) não foram incubadas em conjunto; foram misturadas imediatamente antes da amostragem e análise.

Um total de vinte e um tratamentos (mistura de controlo e misturas de amostras) foram efectuados em triplicado. A acetilação foi utilizada para as amostras que continham fungos puros e para as amostras que continham sedimentos. Isto ajuda a separar os esteróis de outros contaminantes, como os PAH.

A CG exige que o composto se encontre na fase gasosa, pelo que, para extrair o ergosterol, o seu ponto de fusão deve ser reduzido (m.p.160 °C, b.p. 250 °C). Por conseguinte, ao proceder à acetilação, o seu ponto de fusão é reduzido e mais facilmente detectado por GC/MS. Outra vantagem da acetilação é que o composto original pode ser regenerado por hidrólise (pormenor no apêndice 8).

Purificação

Tanto as amostras do procedimento de extração de lípidos como as do protocolo modificado de Brodie et al. para os esteróis foram concentradas e passadas por colunas de sílica. Quaisquer resíduos de sedimentos indesejados são absorvidos pela sílica activada, purificando assim as amostras. As amostras foram ainda purificadas duas vezes em colunas de aminopropil e analisadas por GC/MS após a adição do padrão interno (apenas para análise de PAH).

Tabela. 3 Tratamentos **de amostragem** para a mistura de controlo (sedimento + serradura + fungos cultivados em cevada)

1.	Control mixture (5.1206g)
2.	Control mixture (5.2921g)
3.	Control mixture (5.1742g)
4.	Control mixture (5.0781g)
5.	Control mixture (5.0357g)
6.	Control mixture (5.0135g)

Tabela. 4 Misturas de amostras para a extração de esteróis de fungos cultivados em PDA ou cevada e depois misturados com sedimento

1.	Pure fungi (0.5325g)
2.	Pure fungi (0.5247g)
3.	Pure fungi (0.5225g)
4.	Pure fungi (0.2450g)+ Sediment (0.5310g)
5.	Pure fungi (0.2450g)+ Sediment (0.5310g)
6.	Pure fungi (0.2218g)+ Sediment (0.6480g)
6.	Fungi (grown on barley) (0.6673g)
7.	Fungi (grown on barley) (0.5308g)
8.	Fungi (grown on barley) (0.5343g)
9.	Fungi (grown on barley) (0.6207g)+Sediment (0.6199g)
10.	Fungi (grown on barley) (0.6143g)+Sediment (1.1886g)
11.	Fungi (grown on barley) (0.6327g)+Sediment (0.5743g)
12.	Pure Ergosterol
13.	Pure Cholesterol
14.	Acetylated Ergosterol
15.	Acetylated Cholesterol

Análise de PAHs e esteróides

O ergosterol e o colesterol comerciais foram analisados por GC/MS como referências padrão. Quando as amostras recolhidas a partir do método de extração de ergosterol foram analisadas por GC/MS, foram detectados 16 PAH. A EPA dos EUA regulamentou estes 16 PAHs que foram detectados por este método.

Todas as análises foram efectuadas num cromatógrafo de gás Hewlett Packard 5890/espetrómetro de massa 5989A equipado com uma coluna DB-5 (30 m, 0,32 mm de diâmetro interno e um injetor da série HP 6890).

As temperaturas do injetor e do detetor foram fixadas em 250 °C e 300 °C, respetivamente. A temperatura do forno foi mantida a 45 °C durante 2 minutos e depois aumentada a 20 °C por minuto até 310 °C. A temperatura final foi mantida durante 5,5 minutos. A temperatura final foi mantida durante 5,5 minutos.

CAPÍTULO 3

Resultados e discussão

Parte 1 Biodegradação de PAHs:

As incubações foram efectuadas durante um período de 21 dias a 25 °C e as extracções foram realizadas em triplicado para confirmar os padrões de degradação dos HAP. Foram adicionados pó de serra, substrato e suplementos de azoto para o crescimento dos fungos. Foi também incluído um controlo sem tratamento nos ensaios para verificar os resultados sem quaisquer alterações.

Os dados são apresentados (Tabelas 6, 7 e 8) como uma comparação dos padrões de degradação de PAH de baixo e alto peso molecular (µg PAHs/g peso seco do sedimento). Os HAP podem ser classificados com base nas diferenças dos seus pesos moleculares (Quadro 5).

Tabela 5. PAHs de baixo e alto peso molecular

LOW MOLECULAR WEIGHT PAHs	HIGH MOLECULAR WEIGHT PAHs
Naphthalene – 2 rings	Chrysene – 4 rings
Acenaphthylene – 3 rings	Pyrene – 4 rings
Acenaphthene – 3 rings	Benzo(a)anthracene – 4 rings
Fluorene – 3 rings	Fluoranthene – 5 rings
Phenanthrene – 3 rings	Benzo(b&k)fluoranthene – 5 rings
Anthracene – 3 rings	

HAP de baixo peso molecular (HAP LMW):

Os PAH LMW são compostos orgânicos com 2/3 anéis que são hidrofóbicos e podem ser degradados por bactérias (Bouchez et al. 1999). O naftaleno, o acenaftaleno, o acenafteno, o fluoreno, o fenantreno e o antraceno podem ser classificados na categoria LMW.

HAPs de elevado peso molecular (HMW PAHs):

Os PAH HMW são compostos orgânicos com 4 ou mais anéis aromáticos, o que os torna fortemente hidrofóbicos. O pireno, o fluoranteno, o criseno, o benzo(a)antraceno e o benzo(b,k)fluoranteno estão classificados nesta categoria.

Análises de PAHs:

Dos onze PAH detectados nos sedimentos do rio Mahoning pelo método de extração de lípidos, seis são PAH de baixo peso molecular, nomeadamente naftaleno, acenaftaleno, acenafteno, fluoreno, fenantreno e antraceno. Foram detectados cinco HAP de elevado peso molecular, que incluem o fluoranteno, o benzo[a]antraceno, o pireno, o criseno e o benzo[b,k]fluoranteno. O sedimento contaminado tinha uma concentração inicial de PAH de 342,0 µg/g de peso seco. A concentração individual de PAHs variou de 1,32 a 85,1 µg'g de peso seco.

Dos HAP detectados, o fluoranteno foi o de maior concentração com 85,10 µg/g de peso seco, seguido do pireno com 69,14 µg/g de peso seco (Quadro 6).

Estes resultados estão de acordo com Lee (2005), que mediu as concentrações de PAH no sedimento do fundo do rio recolhido em Lowellville.

Tabela 6. PAHs detectados nos sedimentos do rio Mahoning por procedimento de extração de lípidos

No	PAHs	Retention Time	Concentration µg/g dry weight
1	Naphthalene	9.05	13.03
2	Acenaphthylene	11.26	1.23
3	Acenaphthene	11.49	3.03
4	Fluorene	12.19	11.76
5	Phenanthrene	13.55	39.37
6	Anthracene	13.55	46.64
7	Fluoranthene	15.20	85.10
8	Pyrene	15.53	69.14
9	Benzo(a)anthracene	17.42	17.48
10	Chrysene	17.42	15.10
11	Benzo(b&k)fluoranthene	19.79	40.19
12	Benzo(a)pyrene	0	N.D
13	Dibenz(ah)anthracene	0	N.D
14	Indeno(1,2,3-cd)pyrene	0	N.D
15	Benzo(ghi)perylene	0	N.D

N.D - Não detectado

Foram efectuados quatro tratamentos: (1) Controlo (2) Serragem (3) Serragem + fungos (4) Serragem + fungos + azoto. No final da experiência (42 dias), nove dos onze HAPs detectados mostraram degradação na amostra com Pleurotus ostreatus + serradura (Figura 25). A concentração total de HAP foi reduzida em 58,6%, de 253 |jg/g de peso seco no dia 0 para 173 ug/g no dia 21 e no dia 42, estimando-se que tenha sido reduzida para 106 pg/g de peso seco após 42 dias. As amostras do dia 42 foram perdidas devido a um acidente de laboratório, pelo que as taxas de degradação foram estimadas utilizando as taxas de Pabba (2008).

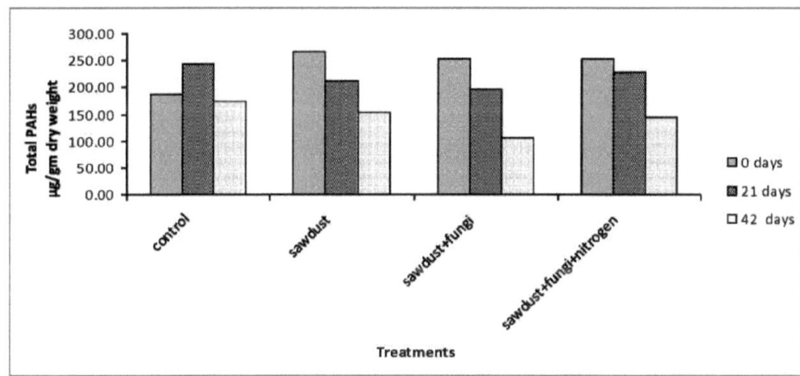

Figura 25. Concentrações totais de PAH em todos os tratamentos aos 0 dias, 21 dias e (estimado) 42 dias de incubação.

Quando a extração de PAHs foi feita pelo método de extração lipídica, ocorreu degradação em 9 dos 11 compostos após 21 dias de incubação (Figura 26). As duas estruturas aromáticas que não apresentaram degradação foram o benzo(a)antraceno e o criseno.

Quando as extracções foram efectuadas em triplicado pelo método de extração de lípidos para os HAP, só foram detectados sete HAP, no tempo zero (quadro 7) e só foram detectados nove HAP, no tempo 21 dias (quadro 8) por GC/MS. A quantidade de PAH de baixo peso molecular

PAHs e PAHs de alto peso molecular variam de amostra para amostra quando analisados por GC/MS no tempo 0 e 21 dias.

Tabela 7. PAH detectados nos sedimentos do rio Mahoning por procedimento de extração de lípidos no tempo 0 dias

No.	PAHs	Retention Time	Concentration ug/g dry weight
1	Naphthalene	9.05	N.D
2	Acenaphthylene	11.26	N.D
3	Acenaphthene	11.49	N.D
4	Fluorene	12.19	N.D
5	Phenanthrene	13.55	15.51
6	Anthracene	13.55	18.92
7	Fluoranthene	15.20	39.63
8	Pyrene	15.53	26.37
9	Benzo(a)anthracene	17.42	N.D
10	Chrysene	17.42	19.89
11	Benzo(b&k)fluoranthene	19.79	17.55
12	Benzo(a)pyrene	0	14.11
13	Dibenz(ah)anthracene	0	N.D
14	Indeno(1,2,3-cd)pyrene	0	N.D
15	Benzo(ghi)perylene	0	N.D

N.D - Não detectado

Tabela 8. PAH detectados nos sedimentos do rio Mahoning por procedimento de extração de lípidos no tempo de 21 dias

No.	PAHs	Retention Time	Concentration ug/g dry weight
1	Naphthalene	9.05	N.D
2	Acenaphthylene	11.26	0.48
3	Acenaphthene	11.49	N.D
4	Fluorene	12.19	8.65
5	Phenanthrene	13.55	12.09
6	Anthracene	13.55	24.72
7	Fluoranthene	15.20	19.23
8	Pyrene	15.53	3.65
9	Benzo(a)anthracene	17.42	8.32
10	Chrysene	17.42	5.92
11	Benzo(b&k)fluoranthene	19.79	13.78
12	Benzo(a)pyrene	0	N.D
13	Dibenz(ah)anthracene	0	N.D
14	Indeno(1,2,3-cd)pyrene	0	N.D
15	Benzo(ghi)perylene	0	N.D

N.D - Não detectado

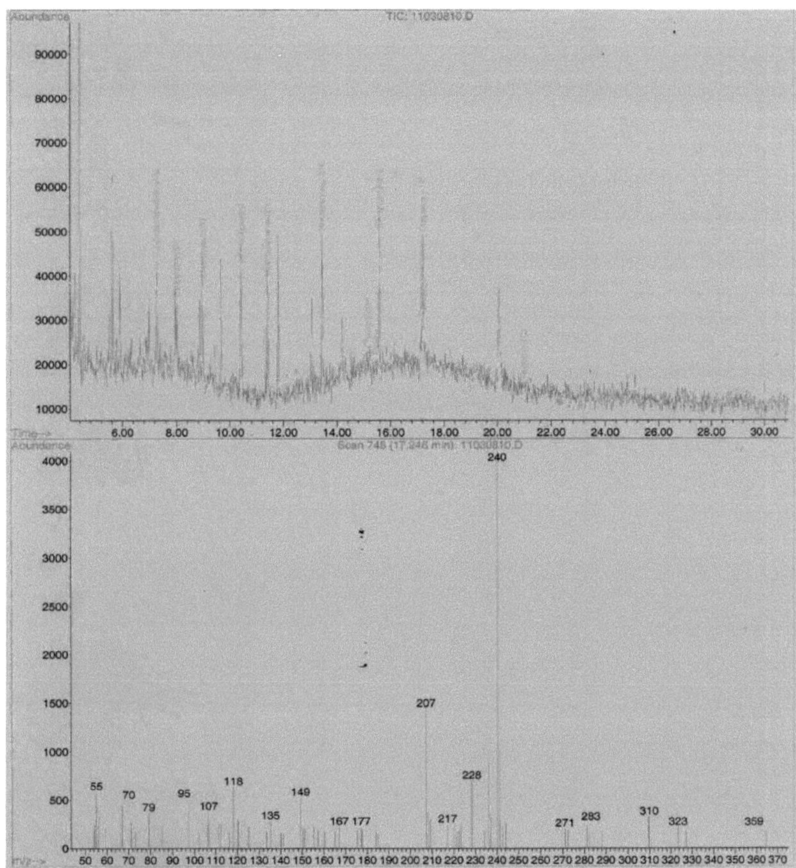

Figura 26. Cromatograma de PAHs de amostras de sedimentos no tempo de 21 dias

Part 2 Extração de Ergosterol e PAHs

Foram extraídos dezasseis HAP através do método de extração de ergosterol modificado (quadro 7), seis dos quais são HAP de baixo peso molecular, nomeadamente naftaleno, acenaftaleno, acenafteno, fluoreno, fenantreno e antraceno. Foram detectados dez HAP de elevado peso molecular, incluindo fluoranteno, benzo[a]antraceno, pireno, criseno, benzo[b,k]fluoranteno, benzo[k]fluoranteno, benzo[a]pireno, bibenzo[a,h]antraceno, indeno[1,2,3-cd]pireno e benzo(ghi)perileno. A quantidade de PAH extraída por este método é muito superior à extraída pelo método de extração de lípidos (quadro 9, figura 27).

Tabela 9. Média dos PAH detectados nos sedimentos do rio Mahoning (controlos) pelo método de extração do ergosterol

No.	PAHs	RetentionTime	Concentration ug/g dry weight
1	Naphthalene	9.71	7.36
2	Acenaphthylene	11.06	53.72
3	Acenaphthene	11.21	26.22
4	Fluorene	11.60	43.51

5	Phenanthrene	12.43	235.76
6	Anthracene	12.46	183.12
7	Fluoranthene	13.43	1013.57
8	Pyrene	13.63	858.76
9	Benzo(a)anthracene	14.66	385.04
10	Chrysene	14.70	224.34
11	Benzo(b)fluoranthene	15.83	375.29
12	Benzo(k)fluoranthene	15.83	328.76
13	Benzo(a)pyrene	16.17	336.57
14	Dibenz(ah)anthracene	18.05	68.71
15	Indeno(1,2,3-cd)pyrene	18.06	42.63
16	Benzo(ghi)perylene	18.58	140.90

Os PAHs foram extraídos pelo método de extração de ergosterol modificado, realizado em triplicado (Figura 28) a partir das amostras com o tratamento: 1) fungos cultivados em cevada (0,6207g) + sedimento (0,6199g), 2) fungos cultivados em cevada (0,6143g) + sedimento (1,1886g) (Figura 28), 3) fungos cultivados em cevada (0,6327g) + sedimento (0,5743g). A extração de PAHs destas amostras foi analisada por GC/MS sem acetilação. (Figura 28).

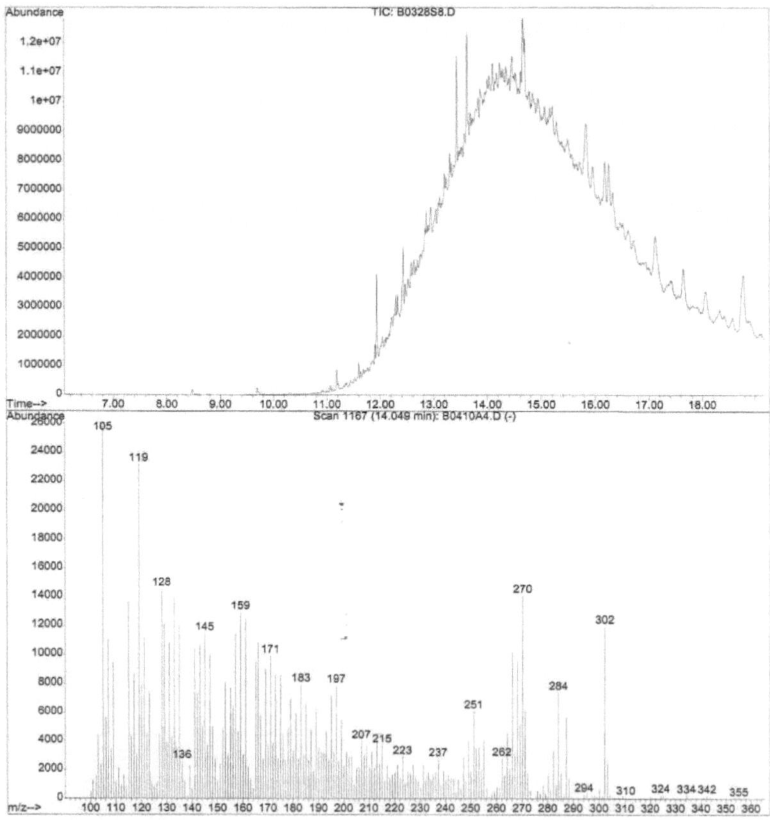

Figura 27. Cromatograma de PAHs extraídos pelo método de extração de ergosterol dos fungos cultivados em cevada e sedimento

A concentração de PAHs nas amostras de sedimentos contaminados foi calculada por

$$\frac{D * X}{M} = C$$

Onde: D = quantidade de DCM com PAH em suspensão extraída da amostra (ml)

X = Concentração da amostra determinada por GC/MS Qig/ml)

M = Massa da amostra antes da extração (g)

C = Concentração de PAH na amostra (|ng/g ou ppm)

Os Ergosteróis foram extraídos e analisados por GC/MS a partir das amostras de fungos puros cultivados em PDA, em triplicado: 1) fungos puros (0,5325g), 2) fungos puros (0,5247g) (Figura 28), 3) fungos puros (0,5225g). Foram detectados picos a 397 u.m.a. que correspondem ao ergosterol (figura 28). A acetilação do ergosterol foi efectuada após a extração do ergosterol.

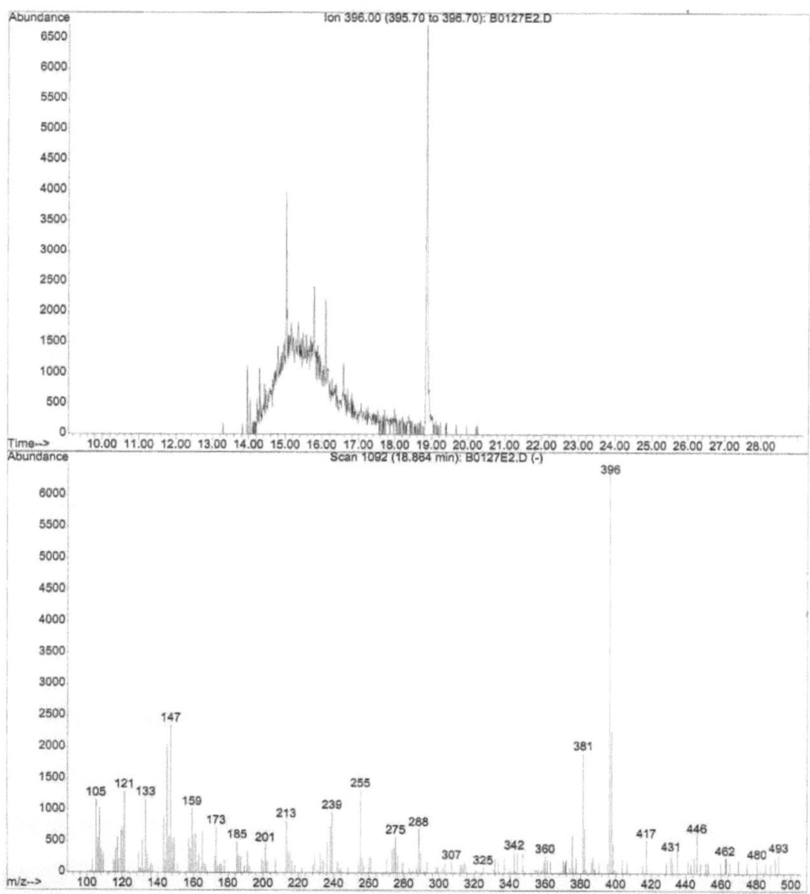

Figura 28. Cromatograma de ergosterol pelo método do ergosterol modificado de fungos cultivados em ágar dextrose de batata.

A extração das amostras foi feita em triplicado, utilizando fungos puros cultivados em PDA e sedimento adicionado separadamente: 1) fungos puros (0,5283g) + sedimento (0,5880g), 2) fungos puros (0,54480g) + sedimento (0,5132g) (Figura 29 e 30), 3) fungos puros (0,6184g) + sedimento (0,5368g). Após a extração, foram detectados colesterol e PAHs por GC/MS, sendo este o primeiro relatório sobre a ocorrência de colesterol (Figura 30 e 31). O colesterol foi detectado após a acetilação do esterol por GC/MS (Figura 30).

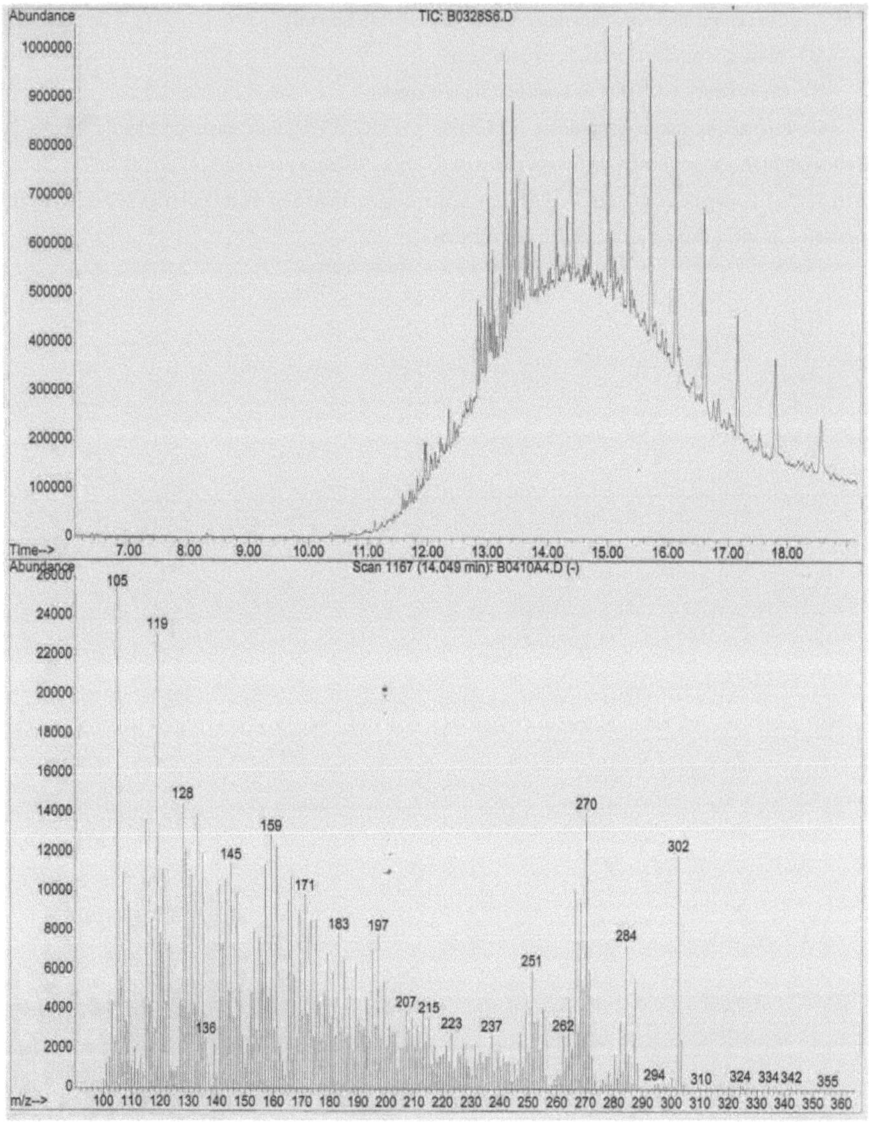

Figura 29. Cromatograma de PAHs pelo método de extração de ergosterol de fungos puros e sedimento

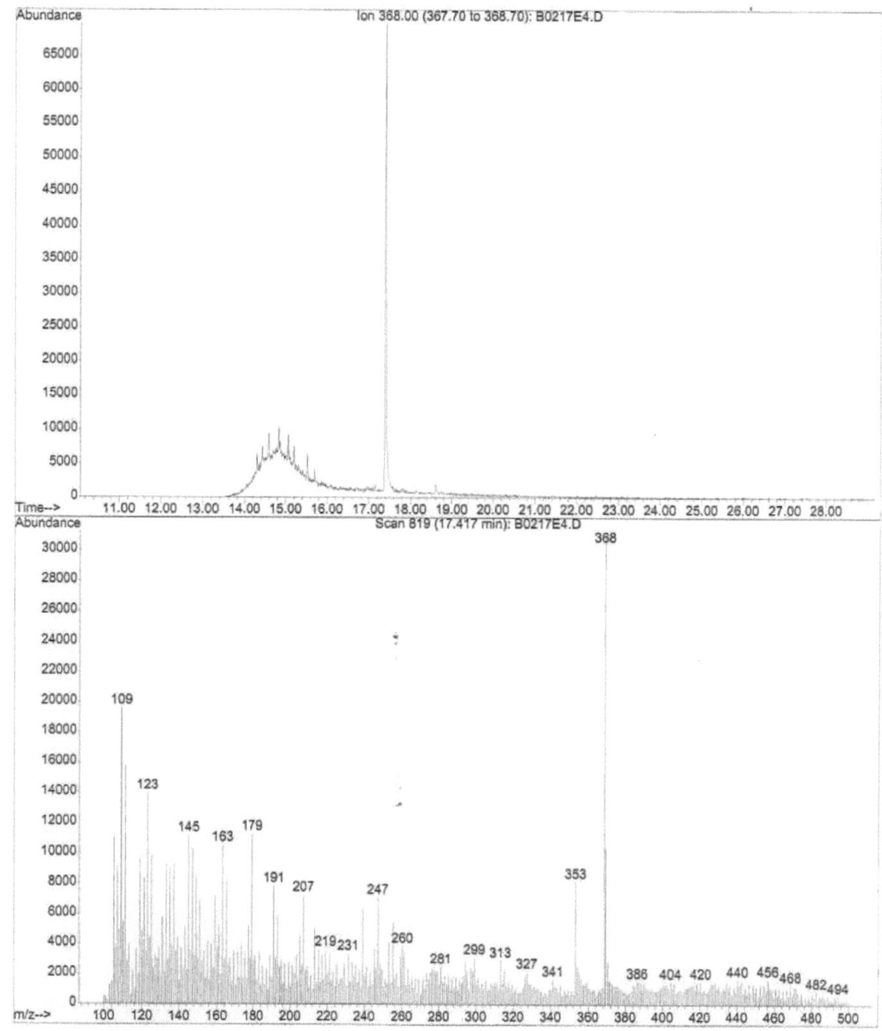

Figura 30. Cromatograma de colesterol pelo método de extração de ergosterol de fungos puros e sedimento

A extração de fungos puros cultivados em PDA foi feita sem acetilação e analisada por GC/MS. O colesterol e o ergosterol foram detectados em quantidades elevadas, tendo sido observada uma intensidade elevada de picos para ambos os esteróis (Figuras 31 e 32). O resultado significativo é que o colesterol é normalmente encontrado em animais, mas foi detectado no fungo P. ostreatus em boa quantidade (Figura 31).

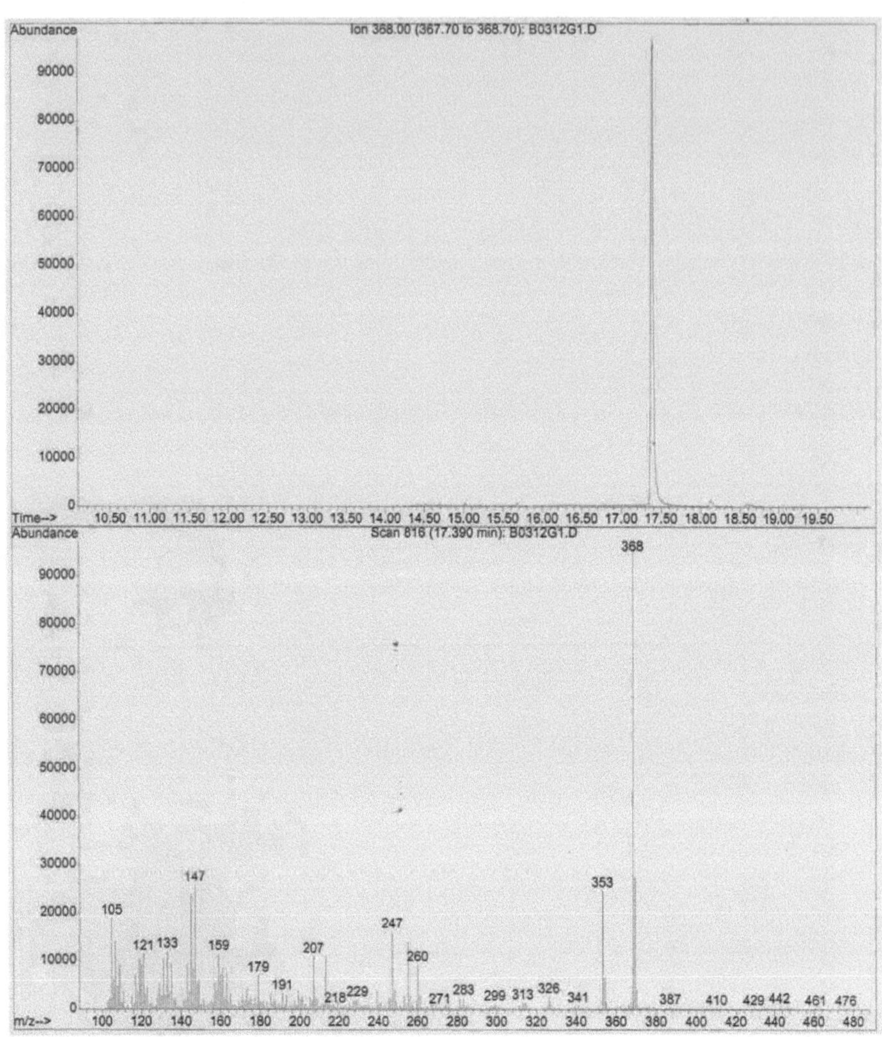

Figura 31. Cromatograma de colesterol pelo método de extração de ergosterol do fungo P. ostreatus cultivado em ágar dextrose de batata.

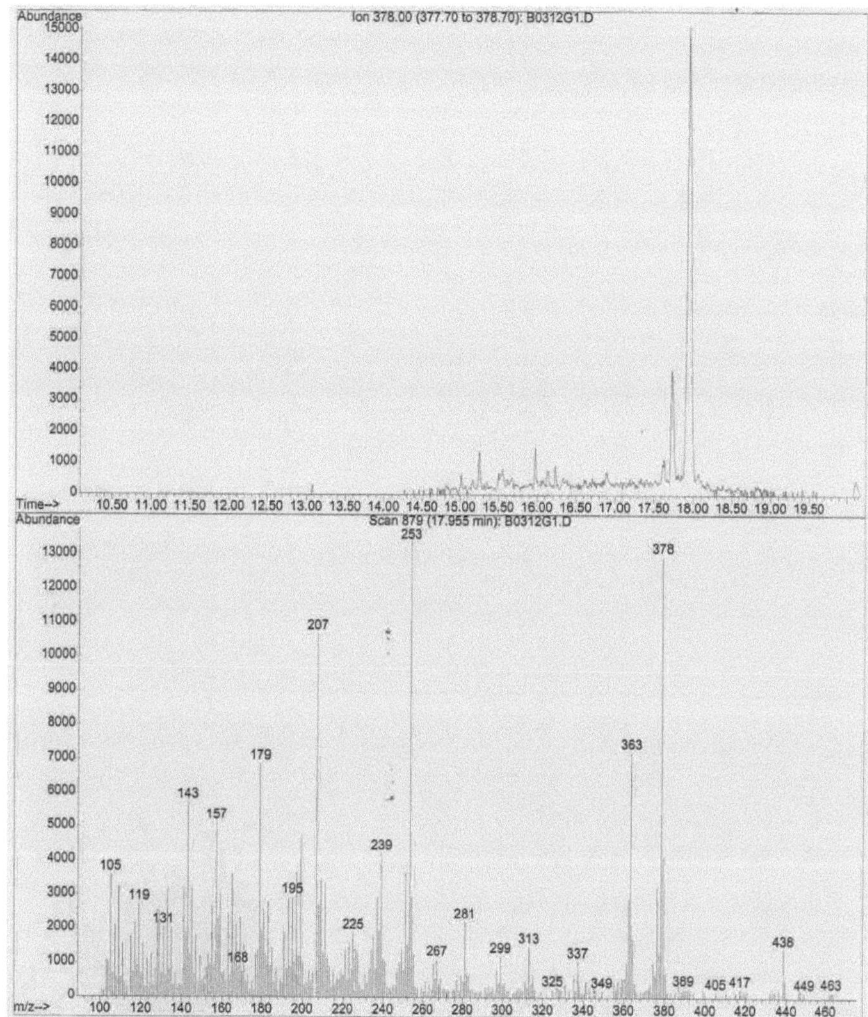

Figura 32. Cromatograma do ergosterol extraído pelo método de extração de ergosterol do fungo P. ostreatus cultivado em ágar dextrose de batata.

A deteção de colesterol e ergosterol em fungos por GC/MS foi analisada a partir dos picos dos espectros de referência padrão de ergosterol e colesterol comerciais (Figuras 33 e 34). A presença de colesterol e ergosterol nos fungos foi também confirmada pelos picos de referência padrão de colesterol e ergosterol acetilados (Figuras 35 e 36), que foram acetilados a partir do colesterol e ergosterol comerciais.

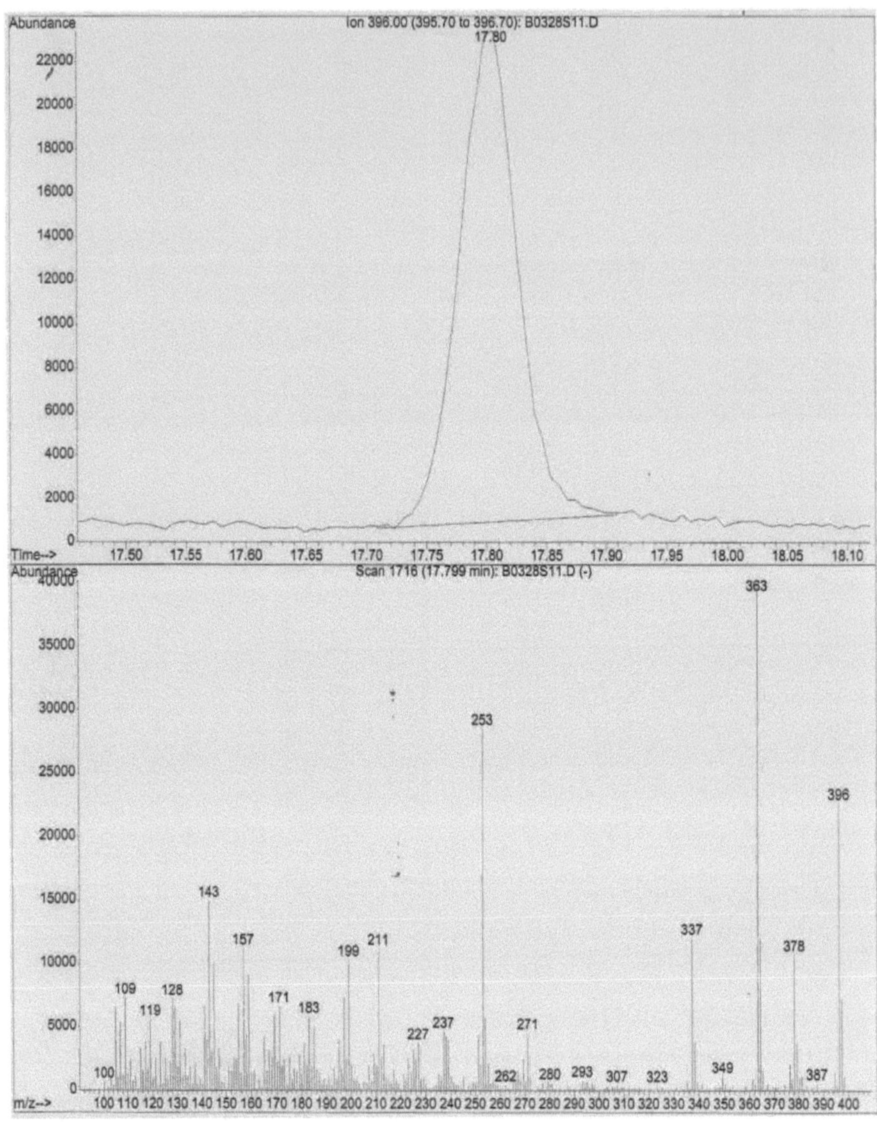

Figura 33. Cromatograma dos espectros de referência padrão do ergosterol comercial

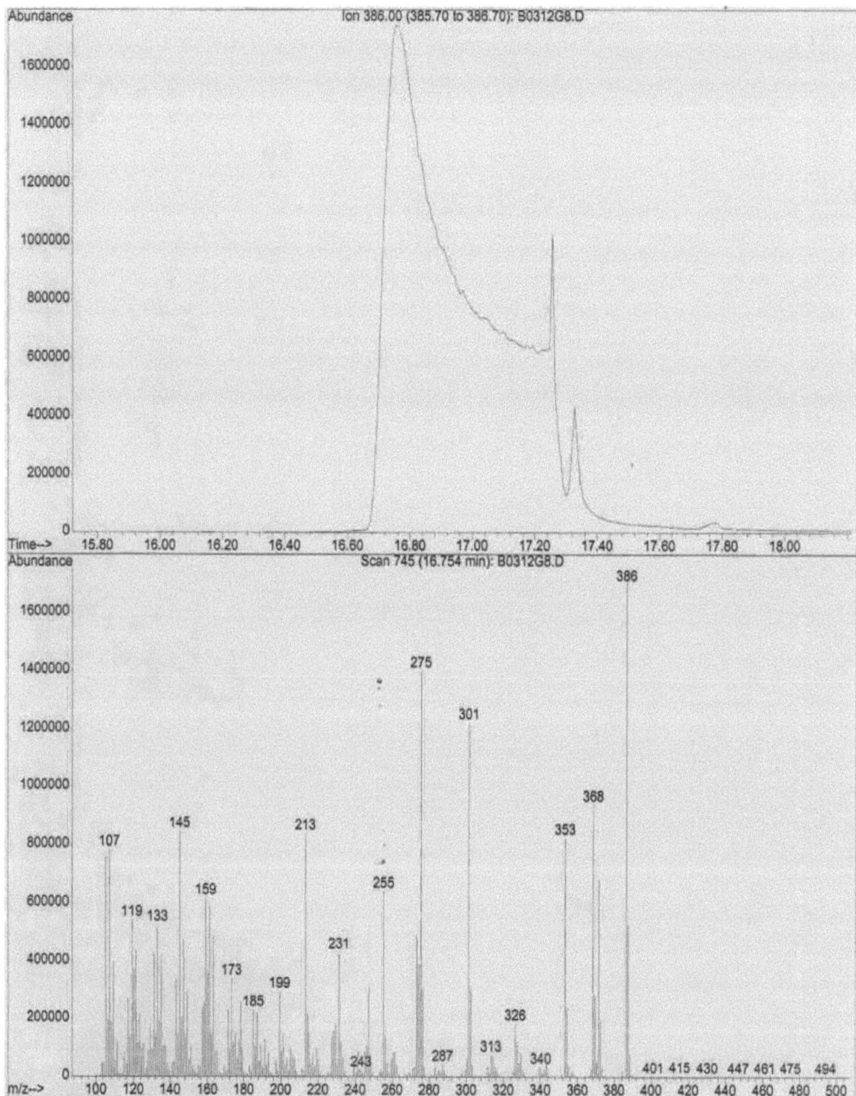

Figura 34. Cromatograma dos espectros de referência padrão do colesterol comercial

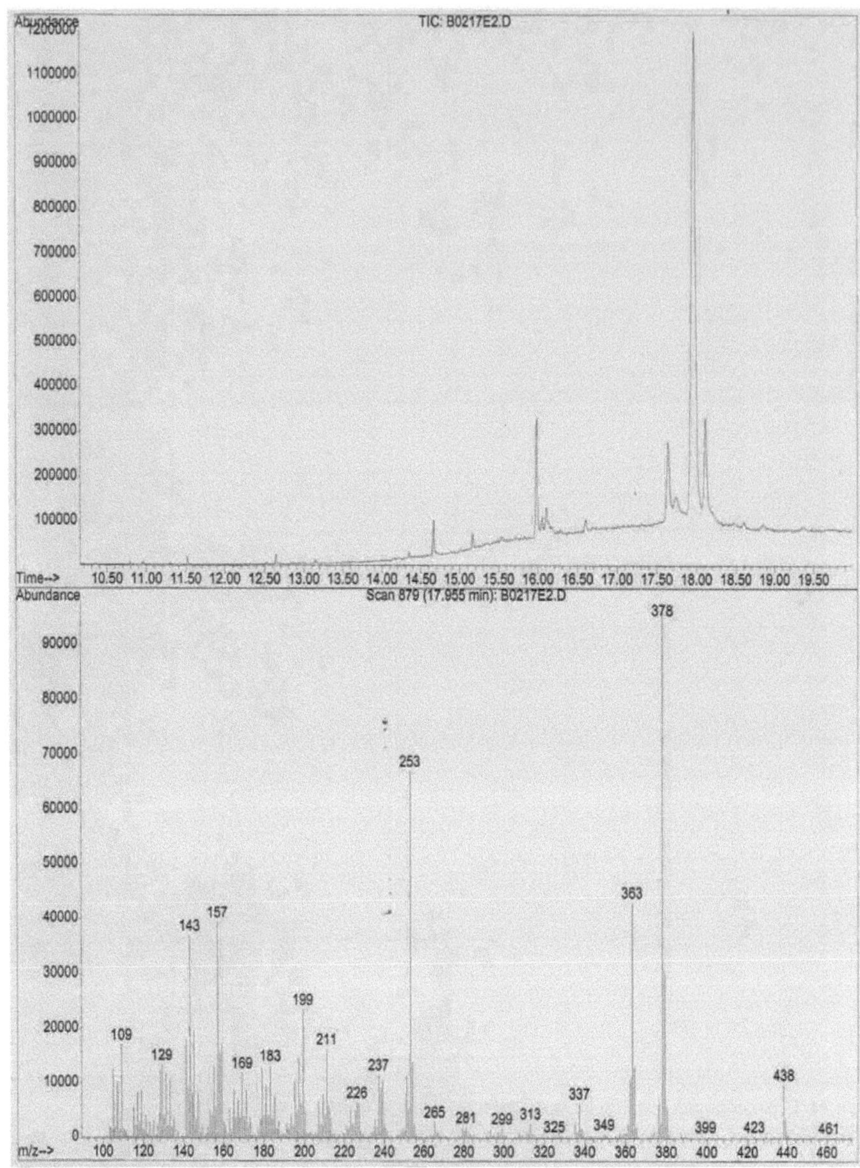

Figura 35. Cromatograma dos espectros de referência padrão do acetato de ergosterol

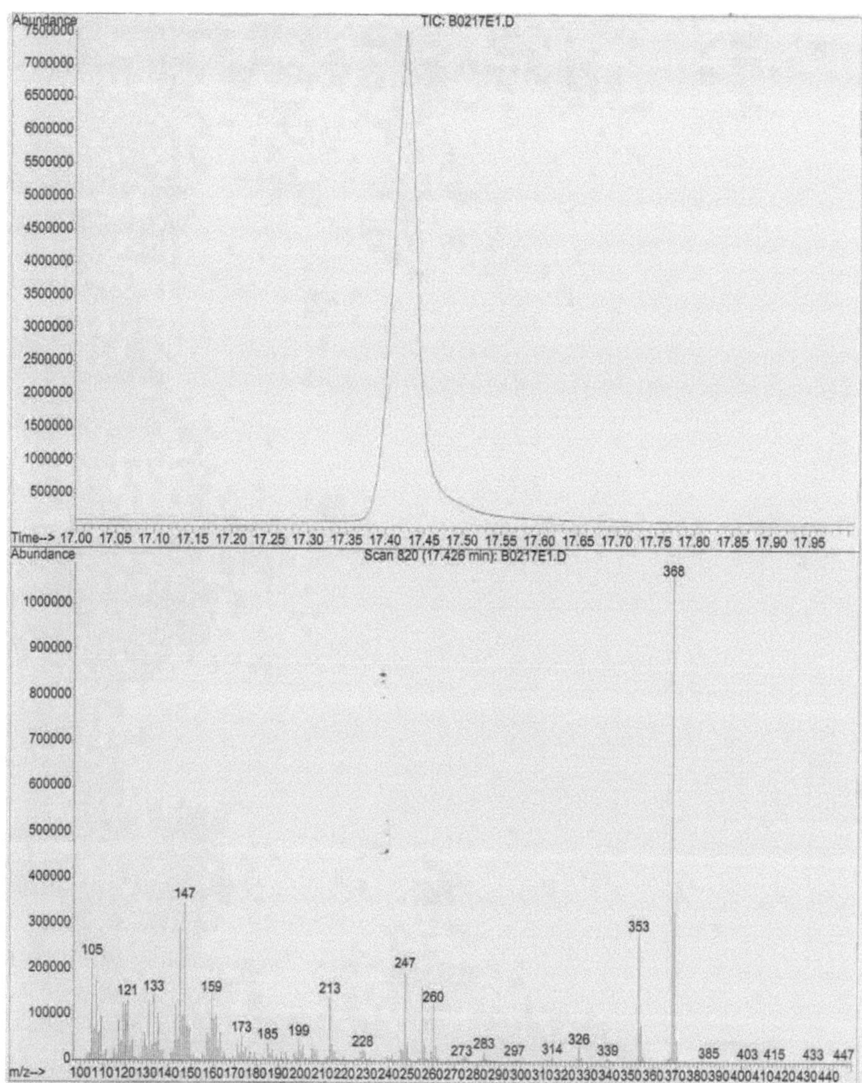

Figura 36. Cromatograma dos espectros de referência padrão do acetato de colesterol

A deteção de ergosterol por GC/MS a partir das amostras feitas em triplicado e as quantidades de ergosterol por grama de amostra foram analisadas após o cálculo: fungos cultivados em barleyl) 0,67g de amostra, 17,5p.g/g de ergosterol estavam presentes (Figura 37); 2) 0,53g de amostra, 39,94 pg/g de ergosterol estavam presentes (Figura 38); 3) 0,53g) amostra, 21,58 jxg/g de ergosterol estavam presentes (Figura 39).

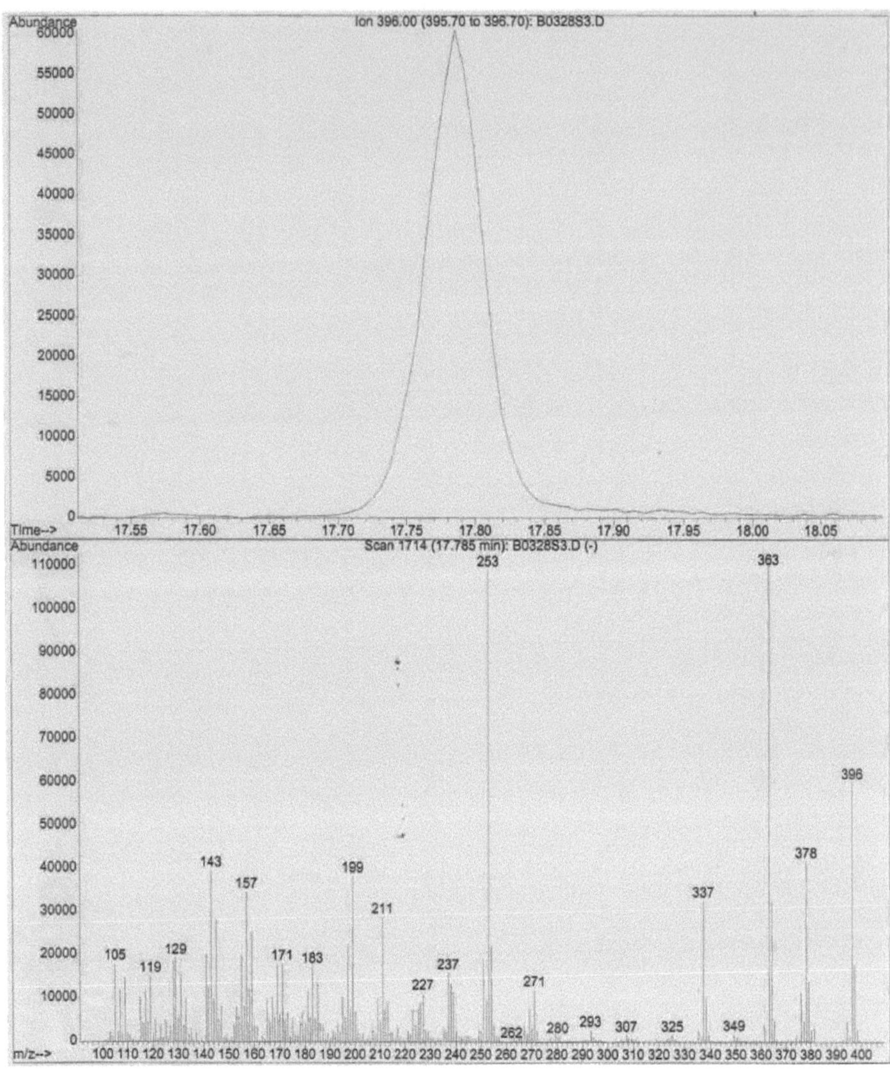

Figura 37. Cromatograma de 17,5|jg/g de ergosterol em P. *ostreatus* cultivado em cevada

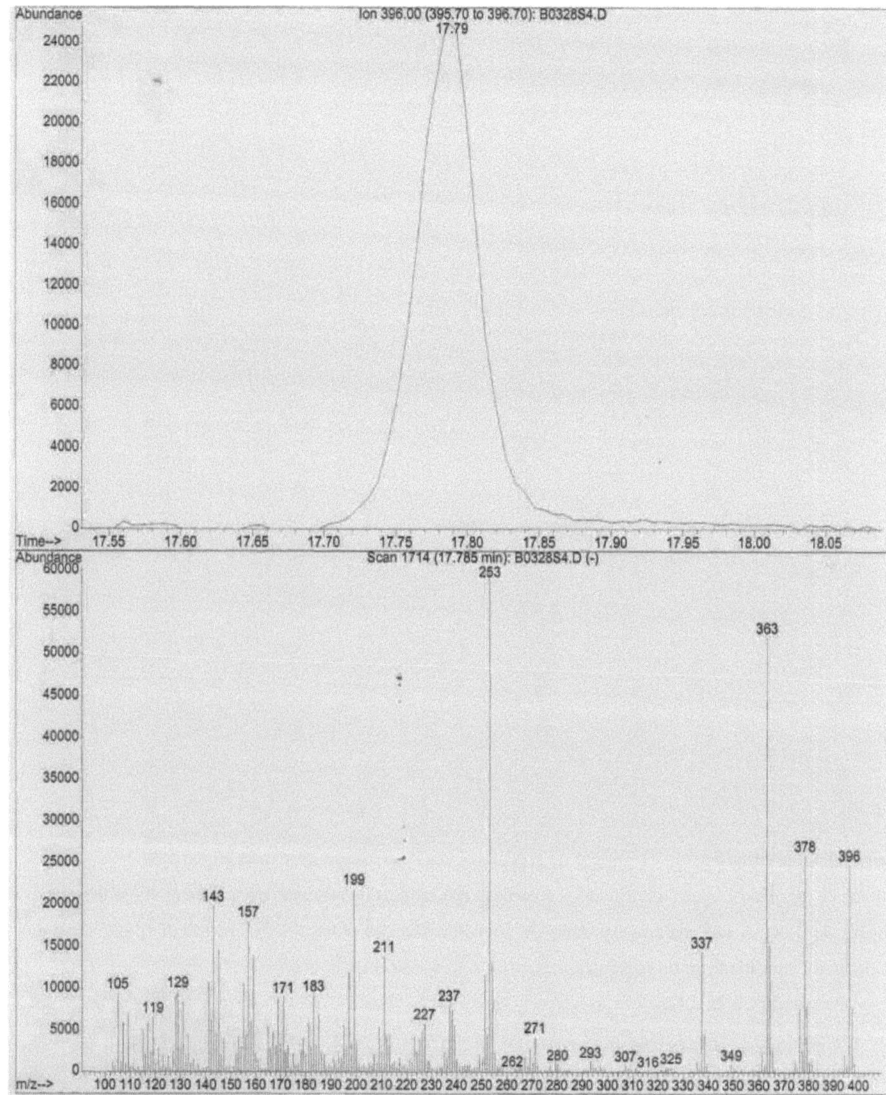

Figura 38. Cromatograma de 39,94p.g/g de ergosterol em P. *ostreatus* cultivado em cevada

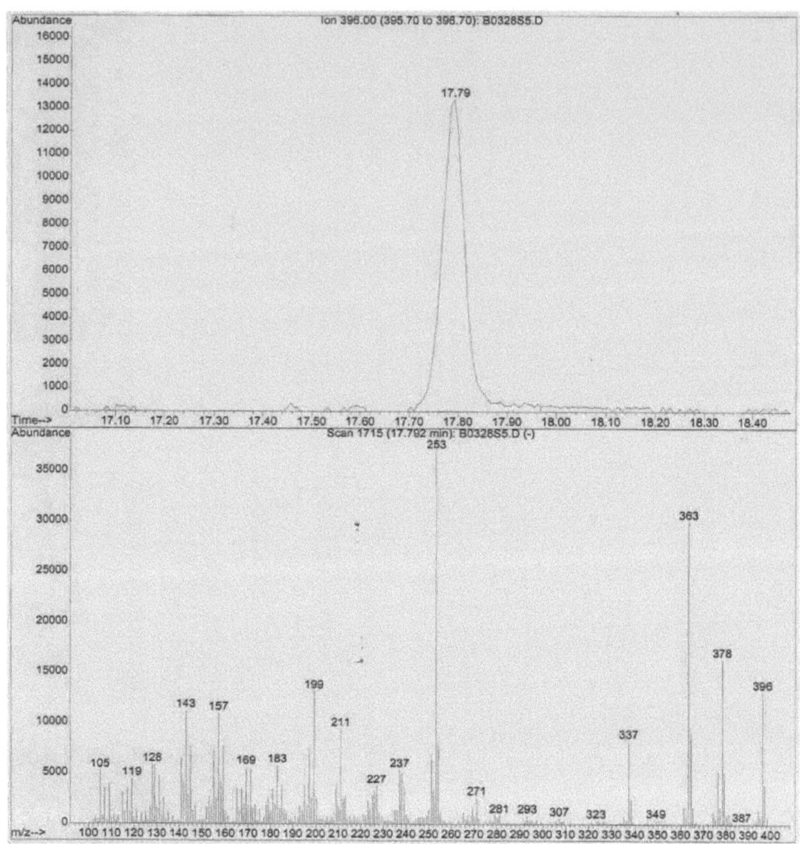

Figura 39. Cromatograma de 21,58pg/g de ergosterol em P. *ostreatus* cultivado em cevada

Os picos de ergosterol foram identificados com base nos tempos de retenção e nas caraterísticas espectrais, em comparação com os dos materiais padrão. A concentração das amostras de ergosterol (p.g/g ou ppm) foi calculada utilizando a fórmula seguinte

Padrão de Calibração:

$$\text{Calibration Factor (CF)} = \frac{\text{Area counts of std. ergo sterol}}{\text{Concentration of std. ergosterol }(\mu g)}$$

Para amostra:

$$\frac{\text{Area count of ergosterol sample}}{\text{CF}} \times \frac{\text{Volume of extract (ml)}}{\text{Mass of sample (g)}} = \mu g/g \text{ (ppm)}$$

Este método é útil para medir os PAH e o ergosterol com grande precisão e exatidão, sem qualquer obstáculo. Os extractos das extracções para as amostras que incluem sedimentos, tais como: fungos puros mais sedimento e fungos (cultivados em cevada) mais sedimento, os esteróis só foram detectados após a acetilação da mistura de reação. Isto deve-se ao facto de a acetilação ser necessária para separar os esteróis de contaminantes como os HAP, que actuam como um obstáculo à análise dos extractos por GC/MS.

Comparação entre o método de extração de lípidos e o método de extração de ergosterol modificado:

Os solutos obtidos a partir das extracções das amostras por estes dois métodos foram ambos analisados por GC/MS. Foram detectados onze PAH nos sedimentos do rio Mahoning utilizando o procedimento modificado de extração de lípidos de Fang e Findlay (Figura 40). Foi detectado um total de dezasseis PAH pelo método de extração de ergosterol modificado de Brodie et al. 2003 (Figura 41). O ergosterol e o colesterol também são extraídos e detectados por este método. Pelo método do ergosterol modificado, tanto os PAH como os esteróis foram detectados com grande eficiência e facilidade. Além disso, consome menos tempo e não necessita de muitos solventes. Por conseguinte, o método de extração de ergosterol modificado é o método mais eficaz para a análise simultânea qualitativa e quantitativa de PAH e ergosterol.

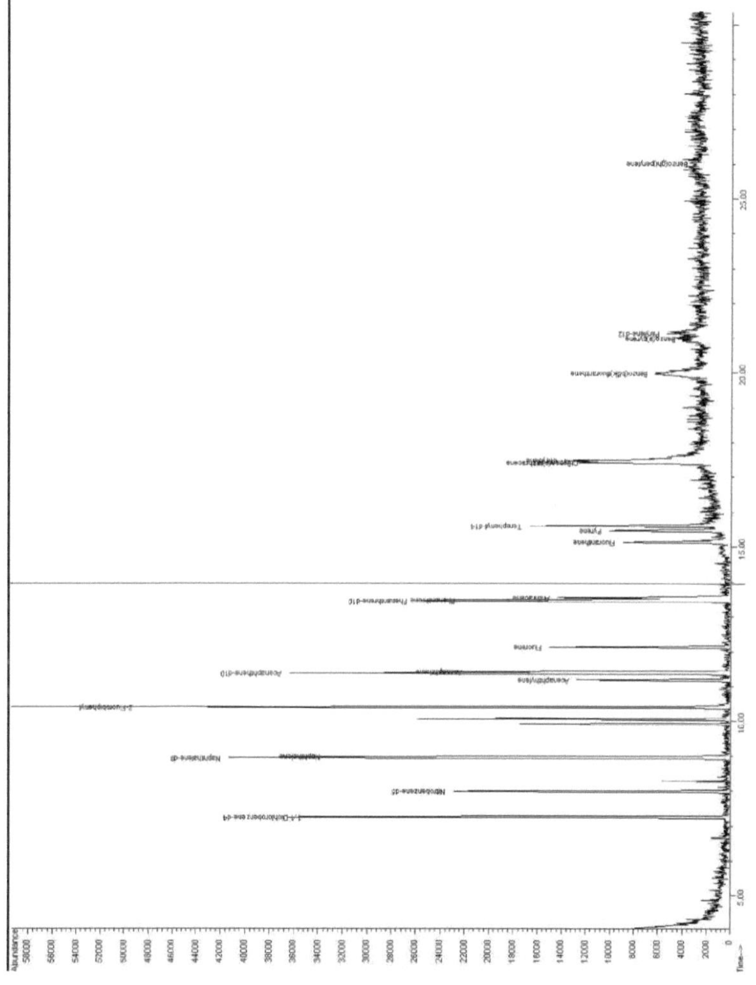

Figura 40. Cromatograma de PAHs de amostras de sedimentos pelo método de extração de lípidos

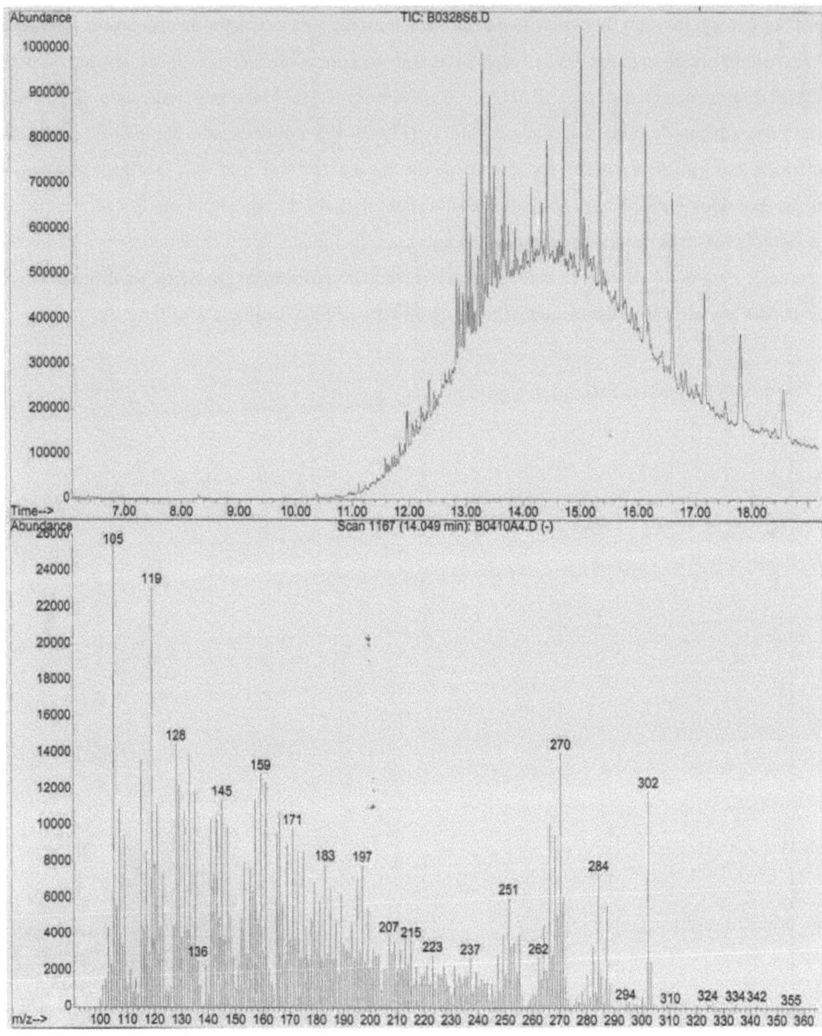

Figura 41. Cromatograma de PAHs de amostras de sedimentos pelo método de extração de ergosterol

CAPÍTULO 4

Conclusão

Foram obtidos mais PAHs pelo método de extração de ergosterol do que pelo método de extração de lípidos. Os sedimentos devem ser inoculados com P.ostreatus, as extracções de PAHs e ergosterol devem ser feitas pelo método de extração de ergosterol. O método de extração de ergosterol pode ser utilizado como uma ferramenta eficaz para a extração de ergosterol de P.ostreatus e para a bioremediação de sedimentos contaminados com PAHs através da adição de P.ostreatus. A deteção de boas quantidades de ergosterol em fungos de podridão branca, P.ostreatus, confirma o facto de que actua como bioindicador de fungos. O crescimento de micélios fúngicos pode ser aumentado através da inoculação do tratamento com uma fonte de azoto que serve de nutrientes para os fungos.

O método de extração do ergosterol parece particularmente adaptado ao estudo do ergosterol em vários tratamentos e matrizes. O método de extração de ergosterol deve ser utilizado para quantificar e analisar a biodegradação de PAH e deve ser analisada a alteração da quantidade de ergosterol em P.ostreatus em diferentes tratamentos, em diferentes momentos como 0 dia, 21 dias e 42 dias. Para a extração de Egosterol, devem ser estabelecidos diferentes tratamentos com várias emendas para, pelo menos, três séries e cada extração deve ser feita em triplicado em três momentos diferentes para essas séries.

A degradação dos HAP deve ser observada no trabalho futuro através do método de extração de ergosterol nos tempos 0, 21 e 42 dias, e também a alteração nas quantidades de ergosterol deve ser observada nestes períodos de tempo. A quantidade de ergosterol deve aumentar ao longo de um período de tempo, uma vez que os HAPs são utilizados como nutrientes por P.ostreatus.

Seria necessária uma análise preliminar sem acetilação para indicar se estão presentes quaisquer picos interferentes co-eluídos com o ergosterol. Se não estiverem presentes materiais interferentes, o procedimento pode ser encurtado através da eliminação da etapa de acetilação.

A utilização de solventes relativamente voláteis, como o diclorometano e o hexano, apresenta riscos para os trabalhadores de laboratório, tanto de inflamabilidade como de toxicidade por inalação. Por conseguinte, é necessário um espaço adicional na hotte para a preparação dos solventes e devem ser tomadas precauções adicionais durante o trabalho.

O método de extração de ergosterol pode ser optimizado utilizando diferentes combinações de solventes, tais como (3:7 DCM:Hexano). Para incubações em triplicado, recomenda-se a utilização de sedimentos do mesmo local e do mesmo ponto amostrado ao mesmo tempo. As extracções em triplicado de cada tratamento acomodariam melhor a inerente grande variação das amostras e melhorariam as estatísticas. Verificou-se que o Pleurotus ostreatus é eficaz na remoção de PAH do sedimento contaminado. Recomenda-se a repetição do estudo com o tratamento mais eficaz.

Referências:

Antibus, R.K. e Sinsabaugh, R.L., 1993, The extraction and quantification of ergosterol from ectomycorrhizal fungi and roots, Mycorrhiza, 3, 137-144.

Axelsson, B., Saraf, A., Larsson, L., 1995, Determinação do ergosterol em poeiras orgânicas por cromatografia gasosa e espetrometria de massa, Journal of Chromatography B, 666, 77-84

Alleman, B.C., Logan, B.E., Gilbertson, R.L, 1992, Toxicidade do pentaclorofenol para seis espécies de fungos da podridão branca em função da dose química. Applied and Environmental Microbiology 58: 4048-4050.

Atagana, H., Haynes, R., e Wallis, F., 2006, Fungal Bioremediation of Creosote- Contaminated Soil: A Laboratory Scale Bioremediation Study using Indigenous Soil Fungi. Water, Air, and Soil Pollution 172, 201-219.

Bixian, M., Jiamo, F., Gan, Z., Zheng, L., Yushun, M., Guoying, S., Xingmin, W., 2001, Polycyclic aromatic hydrocarbons in sediments from the pearl river and estuary, China: spatial and temporal distribution and sources, 16, 1429-1445

Brodie, E., Edwards, S., Clipson, N., 2003, Soil fungal community structure in a temperate upland grassland soil, FEMS Microbiology Ecology, 45, 105-114

Boer, W., Ridder-Duine, A.S., Smant, W., Van der Wal, A., Vanveen, J.A., março de 2006, Evaluation of a simple, non-alkaline extraction protocol to quantify soil ergosterol, Pedobiologia, 50, 293-300

Baldrian, P., Wiesche, C., Gabriel, J., Nerud, F., e Zadrazil, F. 2000, Influence of Cadmium and Mercury on Activities of Ligninolytic Enzymes and Degradation Of Polycyclic Aromatic Hydrocarbons by Pleurotus ostreatus in Soil. Applied and Environmental Microbiology 66, 2471-2478.

Bogan, B., Lamar, R., Burgos, W., and Tien, M., 1999, Extent of Humification of Anthracene, Fluoranthene, and Benzo(a)pyrene by *Pleurotus ostreatus* during Growth in PAH-Contaminated Soils. *Letters in Applied Microbiology* 28, 250-254.

Bouchez, M., Blanche, D., Bardin, V., Haeseler, F e Vandecasteele, J., 1999, Efficiency of defined strains and of soil consortia in the biodegradation of polycyclic aromatic hydrocarbon (PAH) mixtures. *Biodegradação* 10: 429-435.

Brenda, G.Lee (2005) Hidrocarbonetos policíclicos aromáticos e estrutura da comunidade microbiana nos sedimentos das margens do rio Mahoning. Tese de Mestrado. Universidade Estadual de Youngstown.

Biocatalysis/Biodegradation Database, [Internet], [Atualização 2009], Universidade de Minnesota, [Citado em abril. 2009], Disponível em: http://umbbd.msi.umn.edu/flu/flu_map.html

Cerniglia, CE (1992) Biodegradação de hidrocarbonetos aromáticos policíclicos. Biodegradação 3: 351-368.

Dietrich, D., e Lamar, R., 1990, Selective Medium for Isolating Phanaerochaete chrysosporium from Soil, Applied and Environmental Microbiology, 56, 3088-3092.

Fang J. e Findlay R.H., 1996, The use of a classic lipid extraction method for simultaneous recovery of organic pollutants and microbial lipids from sediments, J. Microbiol. Methods 27: 63-71.

Headley, J.V., Peru, K.M., Verma, B., Robarts, R.D., 2002, Mass spectrometric determination of ergosterol in a prairie natural wetland, Journal of Chromatography A, 958, 149-156

Haines, T.H., julho de 2001, "Do sterols reduce proton and sodium leaks through lipid bilayers?", *Prog. Lipid Res.* 40 (4): 299-324

Instituto de Biotecnologia e Investigação de Medicamentos (IBWF), [Internet], Kaiserslautern, Alemanha, [citado em 27 de fevereiro de 2009]. Disponível em: http://www.ibwf.de/env&enz_index.htm

Jim A. Field, Ed De Jong, Gumersindo Feijoo Costa e Jan A. M. De Bont, 1992, Biodegradação de hidrocarbonetos aromáticos policíclicos por novos isolados de fungos da podridão branca, *Appl. Environ. Microbiol*, 58 (7): 2219-2226.

Jedlickova, L., Gadas, D., Havlova, P. e Haval, J., 2008, Determinação dos níveis de ergosterol em variedades de cevada e malte na República Checa através de HPLC, *J. Agric. Food Chem, 56,* 4092-4095

Javitt, N.B., 1994, Bile acid synthesis from cholesterol:regulatory and auxiliary pathways, *FASEB J.* 8 (15): 1308-11

Kanaly, R.A., Harayama, S., abril de 2000, Biodegradation of High-Molecular-Weight Polycyclic Aromatic Hydrocarbons by bacteria, Journal of Bacteriology, No.8, Vol. 182, p.2059-2067

King, A.J., Readman, J.W., Zhou, J.L., 2004, Determination of polycyclic aromatic hydrocarbons in water by solid-phase microextraction-gas chromatography-mass spectrometry, Analytica Chimica Ata, 523, 259-267

Luch, A., 2005, The Carcinogenic Effects of Polycyclic Aromatic Hydrocarbons. Londres: Imperial College Press, ISBN 1-86094-417-5

Larsen, T., Axelsen, J., Ravn, H. W., 2004, Método simplificado e rápido para a extração de ergosterol de amostras naturais e deteção com métodos quantitativos e semiquantitativos utilizando cromatografia em camada fina, Journal of Chromatography, 301-304

Lewington, S., Whitlock, G., Clarke, R., Sherliker, P., Emberson, J., Halsey, J., Qizilbash, N., Peto, R., Collins, R., dezembro de 2007, Blood cholesterol and vascular mortality by age, sex, and blood pressure: a meta-analysis of individual data from 61 prospective studies with 55,000 vascular deaths, *Lancet, 370* (9602), 1829-39.

Oren, A., Aizenshtat, Z., Chefetz, B., 2006, Persistent organic pollutants and sedimentary organic matter properties: a case study in the Kishon River, Israel, *Environmental pollution*, 141, 265-274

Ohio Environmental Protection Agency, 1996, Biological and water quality study of the Mahoning River Basin, OEPA Technical Report MAS/1995-12-14:1-249.

Olson, R. E., fevereiro de 1998, Discovery of the lipoproteins, their role in fat transport and their significance as risk factors. *J. Nutr.* 128 (2 Suppl): 439S-443S.

Pabba, S. 2008, Effects of Cyclodextrin on Extraction and Fungal Remediation of Polycyclic Aromatic Hydrocarbon-Contaminated River Sediment, tese de mestrado, Youngstown State University

Perera, F.P., Rauh, V., Whyatt,R.M., Tsai, W.Y., Tang, D., Diaz, D., Hoepner, L., Barr, D., Tu, Y.H., Camann, D., & Kinney, P, Aug. 2006, Effect of prenatal Exposure to Airborne Polycyclic Aromatic Hydrocarbons on Neurodevelopment in the first 3 years of life among Inner-City Children, *Environmental Health Perspective*, Vol. 114, Number 8

Parsi, Z., Gorecki, T., 2006, Determinação do ergosterol como indicador da biomassa fúngica em várias amostras utilizando pirólise rápida não discriminatória, Journal of Chromatography A, 1130, 145-150

Padgett, D.E., Posey, M.H., 1993, An evaluation of the efficiencies of several ergosterol extraction techniques, Mycol. Res., 97, 1476-1480

Rajakumar, K., Greenpan, S.L., Thomas, S.B., Holick, M.F., outubro de 2007, Solar ultraviolet radiation and vitamin D: a historical perspective, Am J. Public Health, 97 (10), 1746-54.

Spink, D.C, Wu, S.J., Skink, B.C., Hussain, M.M., Vakharia, D.D., Pentecost, B.T., Kaminsky, L.S., 2008, Induction of CYP1A1 and CYP1B1 by Benzo (k)fluoranthehe and benzo(a)pyrene in T-47D human breast cancer cells: Roles of PAH interactions and PAH metabolites, Toxicology and Applied Pharmacology, 226, 213-224.

Stahl, P.D., Parkin, T.B., 1996, Relationship of soil regosterol concentration and fungal Biomass, Soil Biol. Biochem, Vol. 28, No. 7, pp. 847-855,

Schutzendubel A., Majcherczyk A., Johannes C., e Huttermann A., 1999, Degradation of Fluorene, Anthracene, Phenanthrene, Fluoranthene, and Pyrene Lacks Connection to the Production of Extracellular Enzymes by Pleurotus ostreatus and Bjerkandera adjusta, International Biodeterioration & Biodegradation, 43, 93-100.

Smith, L.L., 1991, Another cholesterol hypothesis: cholesterol as antioxidant, Free *Radic. Biol. Med.,* 11 (1): 47-61

Tardieu, D., Bailly, J.D., Bernard, G., e Guerre, P., 2007, Comparison of two extraction methods for ergosterol determination in vegetal feed, *Revue Med. Vet.*, 158, 8-9, 442-446.

U.S. EPA, 1980, Water Quality Criteria Document for Polynuclear Aromatic Hydrocarbons (Documento de Critérios de Qualidade da Água para Hidrocarbonetos Aromáticos Polinucleares). Preparado pelo Office of Research and Development, Environmental Criteria And Assessment Office, Cincinnati, OH para o Office of Water Regulations and Standards, Washington, DC.

U.S. EPA, 1986, Health and Environmental Effects Profile for Naphthalene. Preparado pelo Gabinete de Avaliação e Critérios Ambientais, Gabinete de Saúde e Avaliação Ambiental, Agência de Proteção Ambiental dos EUA, Cincinnati, OH. EPA-CIN-P192.

U.S. EPA (Agência de Proteção Ambiental dos EUA), 1987, Health and Environmental Effects Profile for Phenanthrene. Preparado pelo Environmental Criteria and Assessment Office, Office of Health and Environmental Assessment, U.S. Environmental Protection Agency, Cincinnati, OH, para o Office of Solid Waste and Emergency Response. ECAO-CIN-P226.

U.S. EPA, 1987, Health and Environmental Effects Profile for Anthracene. Preparado pelo Gabinete de Saúde e Avaliação Ambiental, Gabinete de Avaliação e Critérios Ambientais, Cincinnati, OH, para o Gabinete de Resíduos Sólidos e Resposta a Emergências, Washington, DC.

U.S. EPA (Agência de Proteção Ambiental dos EUA), 1989, Mouse Oral Subchronic Toxicity Study with Acenaphthylene. Preparado por Hazleton Laboratories, Inc., para o Gabinete de Resíduos Sólidos, Washington, DC. Estudo n.º 2390-129.

Agência de Proteção Ambiental dos Estados Unidos (USEPA), 1994, Integrated Risk Information System (IRIS). Gabinete de Avaliação e Critérios Ambientais, Gabinete de Saúde e Avaliação Ambiental, Cincinnati, OH.

Verma, B., Robarts, R.D., Headley, J.V., Peru, K.M., Christofi, N., 2002, Extraction Efficiencies and Determination of Ergosterol in a Variety of Environmental Matrices, Communications in Soil Sciences and Aplant Analysis, Vol.33, Nos. 15-18, pp. 32613275

Verma, B., Robarts, R.D., Headley, J.V., Feb 2003, Seasonal changes in Fungal production and biomass on Standing dead Scirpus lacustris litter in a Northern prairie wetland, Applied and Environmental Microbiology, p. 1043-1050

Valentin. L., Feijoo. G., Moreira. M. T., Lema. J.M, 2006, Biodegradação de hidrocarbonetos policíclicos aromáticos em solos florestais e de sapal por fungos de podridão branca. International Biodeterioration and Biodegradation 58: 15-21.

Veen. M e Lang. C., 2005, Interaction of the ergosterol biosynthetic pathway with other lipid pathways, Biochemical Society Transactions, Volume 33, parte 5

Wolter. M., Zadrazil. F., Martens. R., Bahadir. M., 1997, Degradação de oito hidrocarbonetos aromáticos policíclicos altamente condensados por Pleurotus sp. Florida em substrato sólido de trigo. Appl Microbiol Biotechnol 48: 398-404.

Wade, L.G., Jr., 2006, Organic Chemistry, Sixth Edition, Pearson Prentice Hall. Javitt, N. B., dezembro de 1994, Bile acid synthesis from cholesterol: regulatory and auxiliary pathways. *FASEB J.* 8 (15): 1308-11

Wojciech, P., Michael W.R., 2006, Histology: a text and atlas: with correlated cell and molecular biology, Philadelphia: Lippincott Wiliams & Wilkins. pp. 230.

Yateem, A., Balba, M.T., Al-Awadhi, N., 1998, White rot fungi and their role in remediation oil-contaminated soil, Environmental International, Vol. 24, No. 1/2., pp. 181-187

Zhang, C., Li, X., Li, P., Lin, X., Li, Q., Gong, Z., 2008, Biodegradação de hidrocarbonetos aromáticos policíclicos (PAH) envelhecidos por consórcios microbianos nas fases de solo e chorume *Journal of Hazardous Materials*, 150, 21-26

Zeppa, S., Vallorani, L., Potenza, L., Bernardini, F., Pieretti, B., Guescini, M., Giomaro, G., Stocchi, V., 2000, Estimation of fungal biomass and transcript levels in Tilia platyphyllos-Tuber borchii ectomycorrhizae, FEMS Microbiology Letters, 188, 119-124

Apêndices

Appendix 1:

Extração de PAH

A) Reagentes para extração de PAH

1. Diclorometano (DCM) de qualidade óptima
2. Metanol de qualidade óptima
3. Tampão fosfato 50 mM (adicionar 8,7 g de KH2PO4 a 700 ml de água milli-Q, agitar e ajustar o pH a 7,4 com HCl 1 N, completar a 1000 ml com água milli-Q)
4. Cloreto de sódio
5. Clorofórmio de grau ótimo conservado com etanol a 0,75%
6. Sulfato de sódio anidro para a preparação de colunas de sulfato de sódio
7. Unisil (sílica activada, 100-200 mesh) para a construção de colunas de sílica
8. Colunas de aminopropilo

9. Limalhas de cobre

B) Preparação de colunas de Sulfato de Sódio

1. Utilizar colunas de vidro de 6 ml com fritas de Teflon no fundo.
2. Preparar as colunas imediatamente antes da corrida, para que o DCM não seque.
3. Carregar as colunas com 1 g de sulfato de sódio anidro.
4. Saturar as colunas com DCM.
5. Adicionar 2 ml de DCM às colunas montadas.
6. Deixar escorrer o DCM, parando quando o menisco estiver imediatamente acima do Na2SO4.
7. Deitar fora o DCM e os tubos de recolha de resíduos e substituir os tubos de resíduos por balões de evaporação de fundo redondo limpos.

C) Preparação de colunas de sílica.

1. Pesar 0,5 g de Unisil nas colunas de vidro com fritas.
2. Aquecer as colunas com Unisil a 100 °C durante 2 horas para ativar o Unisil (para eliminar qualquer humidade presente no Unisil).
3. Colocar as colunas de vidro no aparelho Visiprep e fechar as válvulas.
4. Adicionar 4 ml de clorofórmio ao Unisil nas colunas de vidro.
5. Abrir as válvulas e deixar escorrer clorofórmio a uma gota por segundo; não deixar secar a coluna.
6. Lavar a coluna de vidro com 2 ml de clorofórmio.
7. Parar o fluxo quando o menisco estiver imediatamente acima da sílica.
8. Adicionar limalhas de cobre (20-30) por coluna - Isto é feito para eliminar qualquer enxofre presente na coluna de vidro (limpo em 2 lavagens de HCl 1N, 2 lavagens de metanol, 2 lavagens de DCM, 2 lavagens de hexano e seco sob azoto).

D) Preparação de colunas de aminopropilo

1. Utilizar colunas de aminopropil de 3 ml (pré-embaladas).
2. Enxaguar as colunas com 1 ml de clorofórmio, enxaguar novamente com 2 ml e puxar com vácuo uma gota por segundo.
3. Enxaguar com 2 ml de hexano e passar com vácuo 1 gota por segundo, mas não deixar secar a coluna.

E) Extração de hidrocarbonetos aromáticos policíclicos por extração de lípidos:

1. Colocar 0,65 g de sedimento e 0,5 ml de água milli-Q num tubo de vidro de 50 ml.
2. Nesta altura, pode ser efectuado um tratamento.
3. Adicionar 7,5 ml de diclorometano (DCM) e 15 ml de metanol, seguidos de 5,3 ml de tampão fosfato.
4. misturar o conteúdo agitando e ventilando, e verificar se existem fugas.
5. Colocar as amostras no agitador de plataforma durante cerca de 2 horas a 320 rpm e cobri-las com uma folha de alumínio para as proteger da exposição à luz.
6. Retirar as amostras do agitador, adicionar 7,5 ml de DCM, 7,5 ml de tampão fosfato, agitar e ventilar novamente.
7 . adicionar uma pitada de cloreto de sódio, agitar e ventilar novamente.
8 . as amostras devem ser colocadas no escuro a 4 °C durante 24 horas.

Após 24 horas,

9. a amostra apresenta 2 fases distintas.

10) Retirar a fase superior de água/metanol com uma pipeta e deitar fora.

11. Retirar a fase inferior com outra pipeta limpa para um tubo cónico de 15 ml.

12) Neste ponto, deve ser registada a quantidade de amostra recuperada.

13) Para recuperar mais amostra, adicionar 1 ml de DCM ao tubo original, agitar em vórtice e aguardar 5 minutos, para ver se é possível recuperar alguma fase orgânica.

14. repetir mais 2 vezes sem agitar (se a amostra não puder ser vista na fase orgânica, rejeitar)

15. transferir toda a fase orgânica dos tubos cónicos para colunas de sulfato de sódio no aparelho de visiprep Supelco.

16) As amostras devem ser colhidas em frascos de evaporação de fundo redondo de 50/100 ml no aparelho de visipreparação Supelco.

17) Lavar os tubos cónicos três vezes com 3 ml de DCM e transferir a lavagem para as colunas de sulfato de sódio.

18) Lavar a coluna com duas alíquotas de 1 ml de DCM e secar sob vácuo.

19) Utilizar os frascos de evaporação para fazer o rotovapor e concentrar a amostra em cerca de 1 ml.

20 . transferir a amostra do balão de evaporação para um tubo cónico com uma pipeta limpa.

21) Lavar o balão de evaporação com duas alíquotas de 1 ml de DCM e adicionar ao tubo cónico.

22 . concentrar a amostra numa gota sob azoto a 37 °C, mas não deixar secar a amostra.

23) Aumentar o volume da amostra para 1 ml- 1,5 ml com clorofórmio.

24. registar a quantidade de amostra

25. As amostras podem ser armazenadas a -20 °C para armazenamento a curto prazo ou a -70 °C para armazenamento a longo prazo. A amostra nesta fase pode ser utilizada para a extração de PAH.

F) Fração PAH

1. as colunas de sílica devem ser preparadas de acordo com as indicações do apêndice 1 (c)

2) Transferir a amostra (1,0 - 1,5 ml) em clorofórmio para 200 pl de hexano, utilizando a permuta de solventes (não deixar a amostra secar, pois isso reduzirá a recuperação de HAP).

3 . concentrar a amostra para 100 pl no evaporador de azoto e adicionar 1 ml de hexano. Concentrar novamente a amostra até 100 pl. Aplicar uma gota de clorofórmio na amostra, agitar em vórtice e transferir para a coluna de sílica. Transferir a amostra, mas não deixar secar a coluna.

4. repetir a etapa 3 mais duas vezes, utilizando duas alíquotas de 100 pl de hexano

5. Lavar o tubo cónico com alíquotas de 1 ml, 2 ml e 2 ml de hexano para recuperar mais amostra. Utilizar este hexano para enxaguar os lados da coluna de sílica após o enxaguamento dos tubos cónicos. Retirar entre cada alíquota, mas não deixar secar a coluna.

6. Lavar a coluna de sílica mais uma vez com hexano a 100 ppm para terminar a recuperação da fração de HAP.

7. Armazenar a fração de PAH em hexano sem secagem a -20 °C para armazenamento a curto prazo ou a -70 °C para armazenamento a longo prazo até estar pronta para limpeza com colunas de aminopropilo.

G) Limpeza da fração de PAH em colunas de aminopropilo

1. As colunas de aminopropil devem ser preparadas antes da limpeza.
2. Concentrar a fração de HAP numa gota sob evaporador de azoto.
3. Aumentar o volume para 200 pl com hexano.
4. Se houver água na amostra, adicionar metanol até ficar transparente. Pipetar a fração superior de HAP e rejeitar a fração inferior de metanol.
5. Adicionar uma gota de clorofórmio, agitar a amostra em vórtex e adicionar à coluna.
6. Lavar o tubo cónico mais três vezes com 300 pl de hexano em três alíquotas de 100 pl, adicionar uma gota de clorofórmio, agitar em vórtex e adicionar à coluna de cada vez.
7. Colocar a amostra na coluna.
8. Lavar a fração de HAP da coluna com 5 ml de hexano em três alíquotas: 1 ml, 2 ml, 3 ml e deixar secar até à secura.
9. A amostra é então concentrada a 1,0 ml sob evaporador de azoto.
10. Se a amostra se evaporar mais do que isso acidentalmente, perfazer o volume até ao 1,0 mL com DCM e, em seguida, transferir para um frasco de amostragem automática.
11. Rotular o frasco para injectáveis de forma adequada.
12. Adicionar 20 pl de padrão interno antes da leitura no GC-MS.

Appendix 2:

Soluções para a extração de PAHs

Clorofórmio de grau ótimo (Fisher): conservado com etanol a 0,75%.

Cloreto de metileno (DCM) de qualidade óptima

50 Tampão fosfato mM: adicionar 8,7 g de K2HPO4 (Sigma) a cerca de 950 ml de água Millipore. Ajustar o pH a 7,4 com ácido clorídrico (HCl) 1N e, em seguida, ajustar o volume final a 1000 ml num balão volumétrico de 1L com água Millipore.

Solução saturada de persulfato de potássio: Adicionar 10 g de K2S2O8 (Sigma) e 2 ml de ácido sulfúrico conc. (Fisher) a um balão volumétrico de 200 ml e encher até 200 ml com água Milli-Q.

Esta mistura é sensível à luz e deve ser conservada no frigorífico até à sua utilização. Antes de ser utilizada, deve ser aquecida à temperatura ambiente.

Colunas de sulfato de sódio (Na2SO4): Adicionar 1 g de Na2SO4 seco (Fisher) a uma coluna de vidro limpa de 6 ml. As colunas são depois enchidas com 2 ml de DCM sem deixar secar o enchimento.

Troca de solventes: as amostras em DCM foram concentradas a 100 pl utilizando um evaporador de azoto. Adicionou-se hexano (1 ml) e as amostras foram novamente concentradas até 100 pl. Este procedimento foi repetido mais duas vezes.

Colunas de sílica activada Unisil (100 - 200 mesh) (Clarkson Chromatography): Colocaram-se 0,5 g de unisil em tubos de 10 ml e aqueceu-se a 100 °C durante 2 horas para ativar. O unisil ativado foi dissolvido em 2 ml de clorofórmio e transferido para a coluna de vidro. O tubo foi lavado 4 vezes com porções de 1 ml de clorofórmio e a solução foi transferida para a coluna. O clorofórmio foi arrastado a 1 gota/segundo sem deixar secar o unisil. Os lados da coluna foram lavados com duas alíquotas de 1 ml de clorofórmio e 2 ml de hexano.

Adicionaram-se à coluna limalhas de cobre (limpas em 2 lavagens de HCl 1 N, metanol, DCM e hexano e secas sob azoto). As colunas estavam então prontas a utilizar.

Colunas de aminopropil (NH_2) (VWR): adicionou-se à coluna 1 ml de clorofórmio de grau ótimo e, em seguida, mais 51 ml, antes de a pressurizar e deixar escorrer. Adicionou-se hexano na quantidade de 2 ml e puxou-se 1 gota por segundo, sem deixar secar a embalagem.

Appendix 3: Curva padrão para PAHs

Foi efectuada uma curva padrão utilizando concentrações de 10,0, 20,0, 30,0, 40,0 e 50,0 ug/mL da mistura de calibração, foram adicionados 20 uL de padrão interno e 50 uL de solução de substituição e o volume foi ajustado para 1,0 mL com hexano. Foram utilizados frascos de auto-amostrador de 2 mL.

Tabela 23. Concentrações para a curva padrão - análise de PAH

Surrogate mix (µL)	PAH mix (µL)	Internal Standard (µL)	Solvent (Hexane) (µL)
50µL	10 µL	20 µL	920 µL
50 µL	20 µL	20 µL	910 µL
50 µL	30 µL	20 µL	900 µL
50 µL	40 µL	20 µL	890 µL
50 µL	50 µL	20 µL	880 µL

Appendix 4: Normas para PAHs

Solução de substituto: Mistura de substitutos B/N da Restek

2-fluorobifenilo

nitrobenzeno-d5

p-terfenil-d14

1.000 ^g'ml cada em cloreto de metileno, Iml/ampola

Mistura de calibração: Restek SV Calibration Mix #5 / 610 PAH Mix

acenafteno, acenafteno, antraceno, benzo(a)antraceno, benzo(a)pireno, benzo(b) fluoranteno, benzo(k) fluoranteno, benzo(ghi)perileno, criseno dibenzo(a,h)antraceno, fluoranteno, flúor, indeno (1,2,3-cd) pireno, naftaleno, fenantreno, pireno 2,000 µg /ml cada em cloreto de metileno, Iml/ampul

Padrões internos: Misturas de padrões internos Restek SV

acenafteno-d10, criseno-d12, 1,4-diclorobenzeno-d4, naftaleno-d8,

perileno-d12, fenantreno-d10

2,000 ^g 'ml cada em cloreto de metileno, Iml/ampul

Appendix 5: Padrões internos correlacionados com PAHs e substitutos

Normas internas: Correlação entre PAHs e substitutos

Naftaleno-d8: Nitrobenzeno-d5 (substituto), naftaleno

Acenafteno-d10: 2-fluorobifenilo (substituto), acenafteno, acenafteno, fluoreno

Fenantreno - d10: Fenantreno, Antraceno, Fluoranteno, Pireno,

Criseno-d12: Terefenil-d14 (substituto), Benzo(a)antraceno, Criseno, Benzo(b,k)fluoranteno, Benzo(a)pireno

Perileno-d12: Dibenz(ah)antraceno, Ideno(1,2,3-cd)pireno, Benzo(ghi)perileno

Appendix 6: Curva padrão para PAHs

Foi efectuada uma curva padrão utilizando concentrações de 10,0, 20,0, 30,0, 40,0 e 50,0 μg/ml da mistura de PAH, foram adicionados 20 μl de padrão interno e 50 μl de solução de substituição e o volume foi ajustado para 1,0 ml com hexano. Utilizaram-se frascos de auto-amostrador de dois ml.

Tabela 38. Curva-padrão para PAHs

Surrogate mix (μL)	PAH mix (μL)	Internal Standard (μL)	Solvent (Hexane) (μL)
50μL	10 μL	20 μL	920 μL
50 μL	20 μL	20 μL	910 μL
50 μL	30 μL	20 μL	900 μL
50 μL	40 μL	20 μL	890 μL
50 μL	50 μL	20 μL	880 μL

As soluções de mistura de substituto B/N, de mistura de PAH e de mistura de padrão interno são aquecidas e submetidas a ultra-sons antes da utilização. Após a utilização, são armazenadas a 4^0 C.

Padrão interno: Um padrão interno é uma substância química que é adicionada em quantidades constantes às amostras, ao branco e aos padrões de calibração numa análise química, para corrigir a perda da substância a analisar durante a preparação da amostra ou a entrada da amostra. O padrão interno é um composto que coincide, em muitos aspectos, com as espécies químicas de interesse nas amostras, uma vez que os efeitos da preparação da amostra devem, relativamente à quantidade de cada espécie, ser os mesmos para o sinal do padrão interno e para o(s) sinal(is) das espécies de interesse no caso ideal.

Substituto: Os compostos substitutos são compostos orgânicos que são quimicamente semelhantes aos analitos de interesse, mas que não se encontram normalmente em amostras ambientais. Os substitutos são adicionados às amostras para monitorizar o efeito da matriz específica da amostra na exatidão da análise.

Mistura de PAH: Solução preparada com concentrações conhecidas de HAP. A preparação de misturas de concentrações diferentes ajuda a calibrar o GC/MS e a gerar uma curva padrão para o instrumento devido aos picos conhecidos dos PAHs que estão a ser testados.

Referência:

http://www.groundwateranalytical.com/qual_quality_assur.htm

Appendix 7: Extração de PAH e Ergosterol pelo método de extração de Ergosterol

1. Pesar 5 g de solo fresco peneirado (2 mm)
2. Colocar num tubo de centrifugação de 50 ml
3. Adicionar 15 ml de metanol frio e 5 ml de uma solução fresca de KOH (40 g KOH / L etanol)
4. Agitar em vórtice durante 30 segundos e sonicar (1 minuto de saída) 6 num desruptor de células Modelo W-370, Sistemas de aquecimento-Ultrasonics, Inc.)
5. Colocar os tubos num banho de água pré-aquecido a 85°C
6. Retirar após 15 minutos, misturar manualmente durante 1 minuto e voltar a colocar durante mais 15

minutos

7. Arrefecer no frigorífico durante 20 minutos
8. Adicionar 10 ml de pentano para HPLC e agitar manualmente durante 1 minuto
9. Centrifugar a 3000xg durante 3min (para separar a camada de pentano do solo)
10. Retirar a camada de pentano e transferir para um novo tubo
11. Efetuar os passos 8-10 três vezes para cada amostra e combinar os extractos de pentano
12. Condensar os extractos sob uma corrente de azoto até 2 ml
13. Passar o extrato por uma coluna de sílica-gel utilizando hexano e DCM na proporção de 6:4 como sistema solvente.
14. O eluente é novamente condensado sob uma corrente de azoto para 1 ml
15. Nessa altura, os extractos secos podem ser armazenados a -20 °C até à análise e a mistura de reação é utilizada para acetilação. O ergosterol acetilado é preparado para análise por RMN ou GC/MS.

Appendix 8: Acilação do ergosterol

1. Secar a mistura de reação após extração do ergosterol.
2. Dissolver o composto numa quantidade excessiva de piridina e na mesma quantidade de anidrido acético.
3. Deixar no agitador magnético durante a noite
4. Adicionar DCM (aproximadamente 20 ml)
5. Transferir para a ampola de decantação
6. Lavar com H_2SO_4 a 5% (20 ml)
7. Lavar com H_2O (20 ml, frio)
8. Lavar com NaCl (10 ml, saturado)
9. Secar com $MgSO_4$, filtrar para um balão de fundo redondo
10. Secar o resíduo e analisar por RMN ou GC/MS.

Appendix 9: - Culturas e meios de cultura de fungos

Meio seletivo para a podridão branca - O meio seletivo para a podridão branca (Dietrich, Lamar, 1990) foi preparado adicionando primeiro 19,5 g de ágar dextrose de batata (PDA) a 500 ml de água Milli-Q num Erlenmeyer de 1000 ml. A mistura foi então autoclavada a 121° C para colocar o PDA em solução. A solução de benomil (15 ppm) e a solução de estreptomicina (550 ppm) são adicionadas a partir de soluções de reserva. A solução de reserva de benomil consiste em 1 000 mg de benomil por litro de acetona. A solução-mãe de estreptomicina consiste em 4 000 mg de estreptomicina por litro de água esterilizada. Os meios foram então vertidos em placas de Petri profundas, feitas para culturas de fungos.

Cultura de fungos - Os micélios da podridão branca foram raspados do sedimento inoculado ou de meios previamente inoculados utilizando uma zaragatoa estéril. A zaragatoa foi então semeada nos meios selectivos para a podridão branca. As placas de Petri contendo os meios foram colocadas de cabeça para baixo numa incubadora a 25° C durante 72 - 96 horas.

Caldo de dextrose de batata - O caldo de dextrose de batata foi feito adicionando 12 g de caldo de dextrose de batata a 500 ml de água Milli-Q num frasco Erlenmeyer de 1000 ml. O frasco é então autoclavado a 121° C para que o meio fique em solução.

Cultura em caldo de dextrose de batata - Adiciona-se 125 ml de caldo de dextrose de batata a um Erlenmeyer de 250 ml autoclavado. Ao balão, adiciona-se um núcleo de uma placa inoculada de meio seletivo para podridão branca e coloca-se num agitador rotativo a 250 rpm à temperatura ambiente. Os frascos permanecem no agitador durante 72 a 96 horas.

Preparação dos grãos - Colocam-se 500 ml de grãos num novo saco de semente. Ao saco de semente, adicionam-se 150 ml de água Milli-Q e o saco é selado numa seladora de impulso regulada para a posição n. 4. O saco de semente é então autoclavado a 121° C e depois arrefecido à temperatura ambiente. ***Inoculação do*** grão - Ao grão autoclavado no saco de semente, adicionam-se 125 ml de caldo de dextrose de batata inoculado com podridão branca e volta-se a selar o saco de semente numa seladora de impulso na posição n.º 4. 4. O saco de semente é então colocado numa incubadora a 25° C, com o filtro virado para cima, durante 72-120 horas, sendo depois mantido no frigorífico até à sua utilização.

Procedimento para a preparação da incubação - Adiciona-se 1.000 ml de sedimento a uma taça de vidro de 1,9 L. Para os tratamentos que contêm uma fonte de nutrientes fúngicos, adicionam-se 600 ml de serradura e mistura-se o conteúdo da taça. Para os tratamentos que contêm P. ostreatus, adicionam-se 100 ml de grão inoculado à taça e misturam-se os conteúdos. Os tratamentos são então amostrados para os dados do tempo 0 e misturados de novo para criar uma mistura homogénea. As taças são então incubadas durante 21 dias a 25° C numa incubadora. Aos 21 dias, metade da mistura na taça é misturada à mão para ver o efeito da lavoura como tratamento. Para as incubações com serradura, metade do sedimento recém-misturado foi também misturado com 25 ml de uma fonte de azoto para ver os efeitos do azoto. A amostragem é efectuada aos 21 dias e as taças são incubadas durante mais 21 dias a 25° C. A amostragem é efectuada novamente aos 42 dias.

Printed by Books on Demand GmbH, Norderstedt / Germany